JIADIAN WEIXIU ZHIYE JINENG SUCHENG KETANG
RESHUIQI

家电维修职业技能速成课堂

热水器

陈铁山　主编

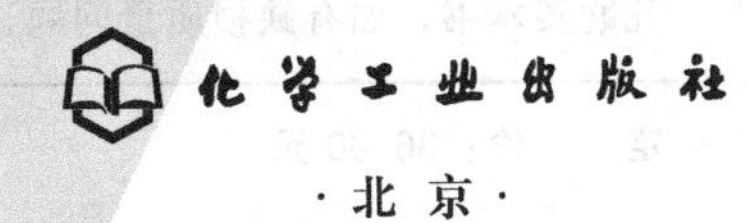

·北京·

本书从热水器（燃气热水器、电热水器、空气能热水器、太阳能热水器、太空能热水器）维修职业技能需求出发，系统介绍了热水器维修基础与操作技能，通过模拟课堂讲解的形式介绍了热水器维修场地的搭建与工具的使用、维修配件的识别与检测、维修操作规程的实际应用；然后通过课内训练和课后练习的形式对热水器重要构件部件与单元电路的故障进行重点详解，并精选热水器维修实操实例，重点介绍检修步骤、方法、技能、思路、技巧及难见故障的处理技巧与要点点拨，以达到快速、精准、典型示范维修的目的。书末还介绍了热水器主流芯片的参考应用电路和按图索故障等资料，供实际维修时参考。

本书可供热水器维修人员学习使用，也可供职业学校相关专业的师生参考！

图书在版编目（CIP）数据

家电维修职业技能速成课堂·热水器/陈铁山主编.
北京：化学工业出版社，2017.1（2025.7 重印）
ISBN 978-7-122-28437-2

Ⅰ.①家… Ⅱ.①陈… Ⅲ.①热水器具-维修
Ⅳ.①TM925.07

中国版本图书馆 CIP 数据核字（2016）第 264688 号

责任编辑：李军亮　　文字编辑：谢蓉蓉
责任校对：王素芹　　装帧设计：史利平

出版发行：化学工业出版社（北京市东城区青年湖南街 13 号　邮政编码 100011）
印　　装：北京印刷集团有限责任公司
850mm×1168mm　1/32　印张 8½　字数 224 千字
2025 年 7 月北京第 1 版第 13 次印刷

购书咨询：010-64518888　　售后服务：010-64518899
网　　址：http://www.cip.com.cn
凡购买本书，如有缺损质量问题，本社销售中心负责调换。

定　　价：36.00 元

前言

Preface

热水器（燃气热水器、电热水器、空气能热水器、太阳能热水器、太空能热水器）量大面广，在使用过程中产生故障在所难免。而热水器维修技术人员普遍存在数量不足和维修技术不够熟练的现状，打算从事维修职业的学员很多，针对这一现象，我们将实践经验与理论知识进行强化结合，以课堂的形式将课前预备知识、维修技能技巧，课内品牌专讲、专题训练、课后实操训练四大块为重点，将复杂的理论通俗化，将繁杂的检修明了化，建立起理论知识和实际应用之间的最直观桥梁。让初学者快速入门并提高，掌握维修技能。

本书具有以下特点：

课堂内外，强化训练；

直观识图，技能速成；

职业实训，要点点拨；

按图索骥，一看就会。

值得指出的是：由于生产厂家众多，各厂家资料中所给出的电路图形符号、文字符号等不尽相同，为了便于读者结合实物维修，本书未按国家标准完全统一，敬请读者谅解！

本书由陈铁山主编，刘淑华、张新德、张新春、张利平、陈金桂、刘晔、张云坤、王光玉、王娇、刘运和、陈秋玲、刘桂华、张美兰、周志英、刘玉华、张健梅、袁文初、张冬生、王灿等也参加了部分内容的编写、翻译、排版、资料收集、整理和文字录入等工作。

由于水平所限，书中不妥之处在所难免，敬请广大读者批评指正。

编　者

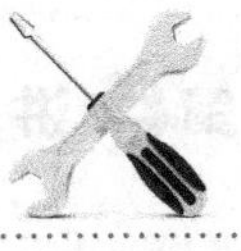

Contents

第五讲 维修职业化训练课外阅读 216

Chapter 01

第一讲 维修职业化训练预备知识

课堂一 电子基础知识

一、模拟电路

模拟电路就是利用信号的大小强弱（某一时刻的模拟信号，即时间和幅度上都连续的信号）表示信息内容的电路，例如声音经话筒变为电信号，其声音的大小就对应于电信号的大小强弱（电压的高低或电流的大小），用以处理该信号的电路就是模拟电路。模拟信号在传输过程中很容易受到干扰而产生失真（与原来不一样）。与模拟电路对应的就是数字电路。模拟电路是数字电路的基础。

学习模拟电路应掌握以下概念。

1. 电源

电源是电路中产生电能的设备。按其性质不同，分为直流电源和交流电源。直流电源是由化学能转换为电能的，如干电池和铅蓄电池；交流电源是通过发电机产生的。

电源内有一种外力，能使电荷移动而做功，这种外力做功的能力称为电源电动势，常用符号 E 表示，其单位为伏特（V），常用单位及换算关系如下。

1 千伏（kV）=1000 伏（V）

1 伏（V）=1000 毫伏（mV）

1 毫伏（mV）=1000 微伏（μV）

2. 电路

电路是指电流通过的路径。它由电源、导线和控制元器件组成。

3. 电流

电流是指电荷在导体上的定向移动。在单位时间内通过导体某一截面的电荷量用符号 I 表示。电流的大小和方向随时间有规律地变化，叫做交流电流；电流的大小和方向不随时间发生变化，叫做恒定直流电。

电流的单位为安培，用字母 A 表示，常用单位及换算关系如下。

1 安培（A）=1000 毫安（mA）

1 毫安（mA）=1000 微安（μA）

4. 电压

电压是指电流在导体中流动的电位差。电路中元器件两端的电压用符号 U 表示，常用单位为伏（V）、毫伏（mV）、微伏（μV）。

5. 电阻

电阻是指导体本身对电流所产生的阻力。电阻用符号 R 表示。单位为欧姆，用符号 Ω 表示。常用单位及换算关系如下。

1 千欧（kΩ）=1000 欧（Ω）

1 兆欧（MΩ）=10^3 千欧（kΩ）=10^6 欧（Ω）

由于电阻的大小与导体的长度成正比，与导体的截面积成反比，且与导体的本身材料质量有关，其计算公式为：

$$R=\rho \frac{L}{A}$$

式中 L——导体的长度，m；

A——导体的截面积，m^2；

ρ——导体的电阻率，Ω・m。

6. 电容

电容是指电容器的容量。电容器由两块彼此相互绝缘的导体组成，一块导体带正电荷，另一块导体一定带负电荷。其储存的电荷量与加在两导体之间的电压大小成正比。

电容用字母 C 表示。电容量的基本单位为法拉，用字母 F 表示。常用单位及换算关系如下。

$$1法(\mathrm{F})=10^6微法(\mu\mathrm{F})=10^{12}皮法(\mathrm{pF})$$

电容器在电路中主要有以下作用。

(1) 能起到隔直流通交流的作用。

(2) 电容器与电感线圈可以构成具有某种功能的电路。

(3) 利用电容器可实现滤波、耦合定时和延时等功能。

使用电容器时应注意：电容器串联使用时，容量小的电容器比容量大的电容器所分配的电压要高，串联使用时要注意每个电容器的电压不要超过其额定电压。电容器并联使用时，等效电容的耐压值等于并联电容器中最低额定工作电压。

电阻和电容串并联时的等效计算见表 1-1。

表 1-1 电阻和电容串并联等效计算

计算内容	阻容联接图	等效阻容计算公式
串联电阻总电阻的计算	R_1 R_2 … R_n R→	$R=R_1+R_2+\cdots+R_i+\cdots+R_n=\sum_{i=1}^{n}R_i$ $G=\dfrac{1}{\dfrac{1}{G_1}+\dfrac{1}{G_2}+\cdots+\dfrac{1}{G_i}+\cdots+\dfrac{1}{G_n}}=\dfrac{1}{\sum_{i=1}^{n}\dfrac{1}{G_i}}$
并联电阻总电阻的计算	R→ R_1 R_2 … R_n	$G=G_1+G_2+\cdots+G_i+\cdots+G_n=\sum_{i=1}^{n}G_i$ $\dfrac{1}{R}=\dfrac{1}{R_1}+\dfrac{1}{R_2}+\cdots+\dfrac{1}{R_i}+\cdots+\dfrac{1}{R_n}=\sum_{i=1}^{n}\dfrac{1}{R_i}$
串联电容总电容的计算	C_1 C_2 … C_n C→	$\dfrac{1}{C}=\dfrac{1}{C_1}+\dfrac{1}{C_2}+\cdots+\dfrac{1}{C_i}+\cdots+\dfrac{1}{C_n}=\sum_{i=1}^{n}\dfrac{1}{C_i}$
并联电容总电容的计算	C→ C_1 C_2 … C_n	$C=C_1+C_2+\cdots+C_i+\cdots+C_n=\sum_{i=1}^{n}C_i$

注：表中 G 为电导，$G=\dfrac{1}{R}$。

7. 电能

电能是指在某一段时间内电流的做功量。常用千瓦时（kW·h）作为电能的计算单位，即功率为1kW的电源在1h内电流所做的功。

电能用符号W表示，单位为焦耳，单位符号为J。电能的计算公式为：

$$W=Pt$$

式中　P——电功率，W；

t——时间，s。

8. 电功率

电功率是指在一定的单位时间内电流所做的功。电功率用符号P表示，单位为瓦特，单位符号为W，常用单位千瓦（kW）和毫瓦（mW）等，即1W=1000mW。

电功率是衡量电能转换速度的物理量。

假设在一个电阻值为R的电阻两端加上电压U，而流过R的电流为I，则该电阻上消耗的电功率P为：

$$P=UI=I^2R=\frac{U}{R}$$

9. 电感线圈

电感线圈是用绝缘导线绕制在铁芯或支架上的线圈。它具有通直流阻交流的作用，可以配合其他电器元器件组成振荡电路、调谐电路、高频和低频滤波电路。

电感是自感和互感的总称，其两种现象表现为：当线圈本身通过的电流发生变化时将引起线圈周围磁场的变化，而磁场的变化又在线圈中产生感应电动势，这种现象称为自感；两只互相靠近的线圈，其中一个线圈中的电流发生变化，而在另一个线圈中产生感应电动势，这种现象称为互感。

电感用符号L表示，单位为亨利，用字母H表示。常用单位为毫亨（mH）和微亨（μH）。

$$1\mathrm{H}=10^{3}\mathrm{mH}=10^{6}\mu\mathrm{H}$$

电感线圈对交流电呈现的阻碍作用称为感抗，用符号 X_{L} 表示，单位为欧姆（Ω）。感抗与线圈中的电流的频率及线圈电感量的关系为：

$$X_{\mathrm{L}}=\omega L=2\pi fL$$

式中 ω——角速度，rad/s；

f——频率，Hz；

L——电感，H。

10. 欧姆定律

在一段不含电动势只有电阻的电路中流过电阻 R 的电流 I 与加在电阻两端的电压 U 成正比，与电阻成反比，称作无源支路的欧姆定律。

欧姆定律的计算公式为：

$$I=\frac{U^{2}}{R}$$

式中 I——支路电流，A；

U——电阻两端的电压，V；

R——支路电阻，Ω。

在一段含有电动势 E 的电路中，其支路电流的大小和方向与支路电阻、电动势的大小和方向、支路两端的电压有关，称为有源支路欧姆定律。其计算公式为：

$$I=\frac{U-E}{R}$$

11. 基尔霍夫定律

基尔霍夫第一定律为节点电流定律，几条支路所汇集的点称为节点。对于电路中任一节点，任一瞬间流入该节点的电流之和必须等于流出该节点的电流之和，如图 1-1 所示。或者说流入任一节点的电流的代数和等于 0（假定流入的电流

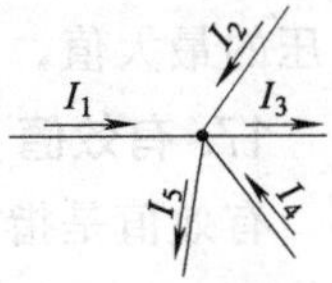

图 1-1 基尔霍夫第一定律

为正值，流出的则看作是流入一个负极的电流），即：

$$I_1+I_2-I_3+I_4-I_5=0$$

基尔霍夫第二定律为回路电压定律。电路中任一闭合路径称作回路，任一瞬间，电路中任一回路的各阻抗上的电压降的代数和恒等于回路中各电动势的代数和。

12. 频率

频率是指交流电流量每秒完成的循环次数。用符号 f 表示，单位为赫兹（Hz）。我国交流供电的标准频率为 50Hz。

13. 周期

周期是指电流变化一周所需要的时间。用符号 T 表示，单位为秒（s）。周期与频率的关系是互为倒数，其数学公式为：

$$T=\frac{1}{f}$$

14. 相位和初相位

在电流表达式 $i=I_m\sin(\omega t+\phi)$ 中，电角度（$\omega t+\phi$）是表示正弦交流电变化过程的一个物理量，称为相位。当 $t=0$（即起始时）时的相位 ϕ 称为初相位。

15. 角频率

角频率是指正弦交流电在单位时间内所变化的电角度。用符号 ω 表示。单位是弧度/秒（rad/s）。角频率与频率和周期的关系为：

$$\omega=2\pi f=\frac{2\pi}{T}$$

16. 振幅值

振幅值是指交流电流或交流电压，在一个周期内出现的电流或电压的最大值，用符号 I_m 表示。

17. 有效值

有效值是指交流电流 i 通过一个电阻时，在一个周期内所产生的热量。如果与一个恒定直流电流 I 通过同一电阻时所产生的热量相等，该恒定直流电流值的大小称为该交流电流的有效值。用字母

I 表示，电压有效值用 U 表示。

对于正弦交流电，其电流及电压的有效值与振幅值的数量关系为：

$$I=\frac{I_{\mathrm{m}}}{\sqrt{2}} \qquad U=\frac{U_{\mathrm{m}}}{\sqrt{2}}$$

18. 相电压

相电压是指在三相对称电路中，每相绕组或每相负载上的电压，即端线与中线之间的电压。

19. 相电流

相电流是指在三相对称的电路中，流过每相绕组或每相负载上的电流。

20. 线电压

线电压是指在三相对称电路中，任意两条线之间的电压。

21. 线电流

线电流是指在三相对称电路中，端线中流过的电流。

二、数字电路

用数字信号完成对数字量进行算术运算和逻辑运算的电路称为数字电路或数字系统。由于它具有逻辑运算和逻辑处理的功能，所以又称数字逻辑电路。现代的数字电路是由半导体工艺制成的若干数字集成器件构造而成。逻辑门是数字逻辑电路的基本单元。存储器是用来存储二值数据的数字电路。从整体上看，数字电路可以分为组合逻辑电路和时序逻辑电路两大类。

数字电路与模拟电路不同，它不利用信号大小强弱来表示信息，它是利用电压的高低或电流的有无或电路的通断来表示信息的1或0，用一连串的1或0编码表示某种信息（由于只有1与0两个数码，所以称为二进制编码，图1-2所示为数字信号与模拟信号波形对照）。用以处理二进制信号的电路就是数字电路，它利用电路的通断来表示信息的1或0。其工作信号是离散的数字信号。电路中晶体管的工作状态，即时而导通时而截止就可产生数字信号。

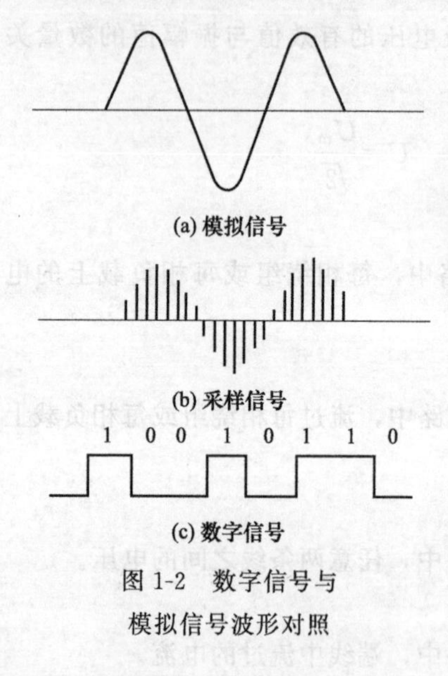

图 1-2　数字信号与模拟信号波形对照

最初的数字集成器件以双极型工艺制成了小规模逻辑器件，随后发展到中规模逻辑器件；20 世纪 70 年代末，微处理器的出现，使数字集成电路的性能产生了质的飞跃，出现了大规模的数字集成电路。数字电路最重要的单元电路就是逻辑门。

数字集成电路是由许多逻辑门组成的复杂电路。与模拟电路相比，它主要进行数字信号的处理（即信号以 0 与 1 两个状态表示），因此抗干扰能力较强。数字集成电路有各种门电路、触发器以及由它们构成的各种组合逻辑电路和时序逻辑电路。一个数字系统一般由控制部件和运算部件组成，在时脉的驱动下，控制部件控制运算部件完成所要执行的动作。通过模拟数字转换器、数字模拟转换器，数字电路可以和模拟电路实现互联互通。

1. 数字电路的分类

（1）按逻辑功能的不同特点，可分为组合逻辑电路和时序逻辑电路两大类。

① 组合逻辑电路，简称组合电路，它由最基本的逻辑门电路组合而成。其特点是：输出值只与当时的输入值有关，由当时的输入值决定。电路没有记忆功能，输出状态随着输入状态的变化而变化，类似于电阻性电路，如加法器、译码器、编码器、数据选择器等都属于此类。

② 时序逻辑电路，简称时序电路，它是由最基本的逻辑门电

路加上反馈逻辑回路（输出到输入）或器件组合而成的电路，与组合电路最本质的区别在于时序电路具有记忆功能。时序电路的特点是：输出不仅取决于当时的输入值，而且还与电路过去的状态有关。它类似于含储能元器件的电感或电容的电路，如触发器、锁存器、计数器、移位寄存器、储存器等电路都是时序电路的典型器件。

(2) 按电路有无集成元器件来分，可分为分立元器件数字电路和集成数字电路。

(3) 按集成电路的集成度进行分类，可分为小规模集成数字电路（SSI）、中规模集成数字电路（MSI）、大规模集成数字电路（LSI）和超大规模集成数字电路（VLSI）。

(4) 按构成电路的半导体器件来分类，可分为双极型数字电路和单极型数字电路。

(5) 数字电路还可分为数字脉冲电路和数字逻辑电路。前者研究脉冲的产生、变换和测量；后者对数字信号进行算术运算和逻辑运算。

2. 数字电路的特点

(1) 同时具有算术运算和逻辑运算功能。数字电路是以二进制逻辑代数为数学基础，使用二进制数字信号，既能进行算术运算又能方便地进行逻辑运算（与、或、非、判断、比较、处理等），因此极其适合于运算、比较、存储、传输、控制、决策等应用。

(2) 实现简单，系统可靠。以二进制作为基础的数字逻辑电路，可靠性较强。电源电压的小波动对其没有影响，温度和工艺偏差对其工作的可靠性影响也比模拟电路小得多。

(3) 集成度高，功能实现容易。集成度高、体积小、功耗低是数字电路突出的优点。

(4) 电路的设计、维修、维护灵活方便。随着集成电路技术的高速发展，数字逻辑电路的集成度越来越高，集成电路块的功能随着小规模集成电路（SSI）、中规模集成电路（MSI）、大规模集成电路（LSI）、超大规模集成电路（VLSI）的发展也从元器件级、器件级、部件级、板卡级上升到系统级。电路的设计组成只需采用一些标准的集成电路块单元连接而成。对于非标准的特殊电路还可以使用可编程序逻辑阵列电路，通过编程的方法实现任意的逻辑功能。

3. 数字电路的应用

数字电路与数字电子技术广泛应用于电视、雷达、通信、电子计算机、自动控制、航天等科学技术领域。

课堂二 元器件预备知识

一、常用电子元器件识别

（一）电阻

电阻在电路中可阻碍电流且造成能量消耗，它的主要作用是分压、限流。它常用字母 R 表示，其基本单位有欧姆（Ω）、千欧（kΩ）、兆欧（MΩ）。现常用的电阻器有四环电阻与五环电阻，阻值的标称如图 1-3、图 1-4 所示。

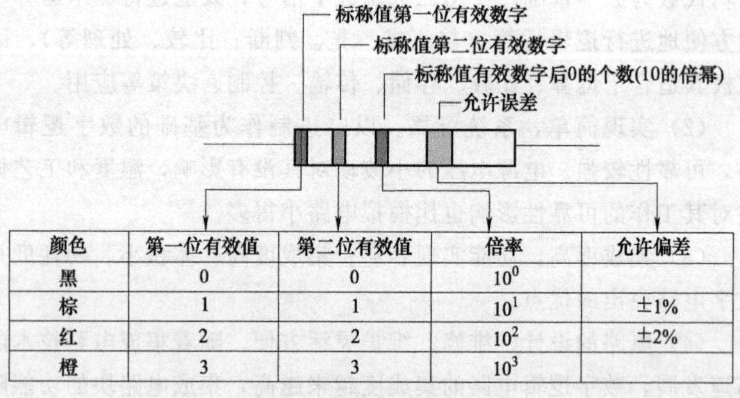

颜色	第一位有效值	第二位有效值	倍率	允许偏差
黑	0	0	10^0	
棕	1	1	10^1	±1%
红	2	2	10^2	±2%
橙	3	3	10^3	

图 1-3　四环电阻阻值标称

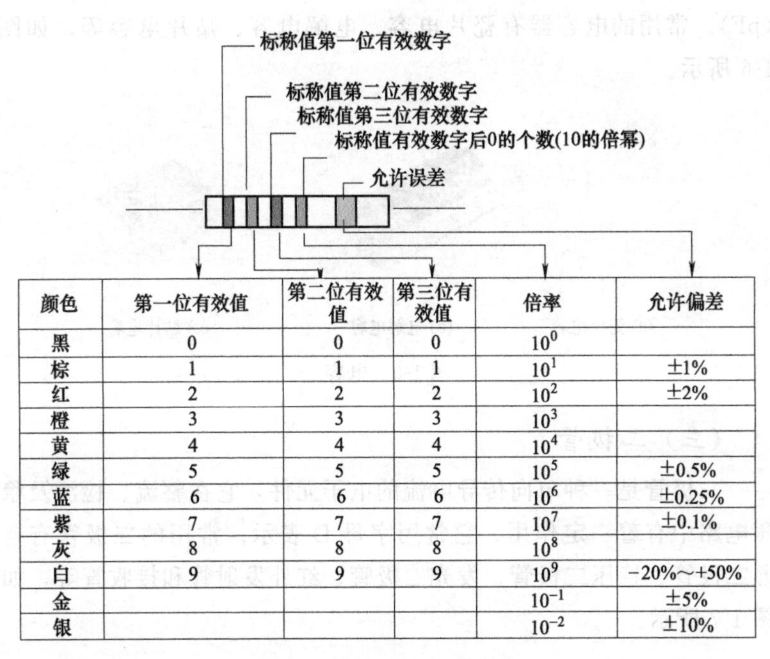

颜色	第一位有效值	第二位有效值	第三位有效值	倍率	允许偏差
黑	0	0	0	10^0	
棕	1	1	1	10^1	±1%
红	2	2	2	10^2	±2%
橙	3	3	3	10^3	
黄	4	4	4	10^4	
绿	5	5	5	10^5	±0.5%
蓝	6	6	6	10^6	±0.25%
紫	7	7	7	10^7	±0.1%
灰	8	8	8	10^8	
白	9	9	9	10^9	-20%~+50%
金				10^{-1}	±5%
银				10^{-2}	±10%

图 1-4　五环电阻阻值标称

电阻按安装方式可分为插件电阻和贴片电阻，如图 1-5 所示。

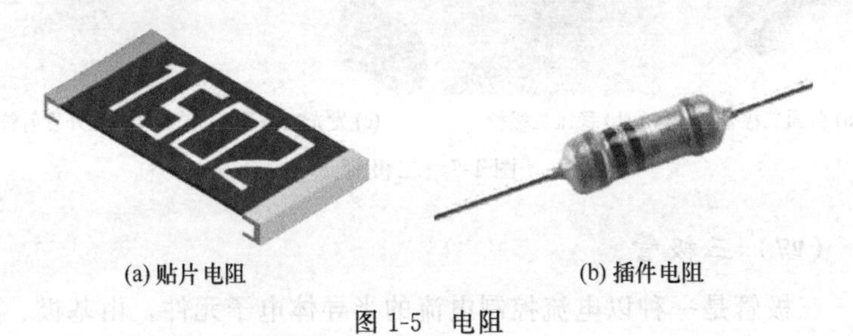

(a) 贴片电阻　　(b) 插件电阻

图 1-5　电阻

（二）电容

电容是一种储存电荷的容器，由两个彼此绝缘、互相靠近的导体组成。它在电路中的主要作用是通交流、隔直流。它常用字母 C 表示，其基本单位有毫法（mF）、微法（μF）、纳法（nF）、皮法

(pF)。常用的电容器有瓷片电容、电解电容、贴片电容等，如图1-6所示。

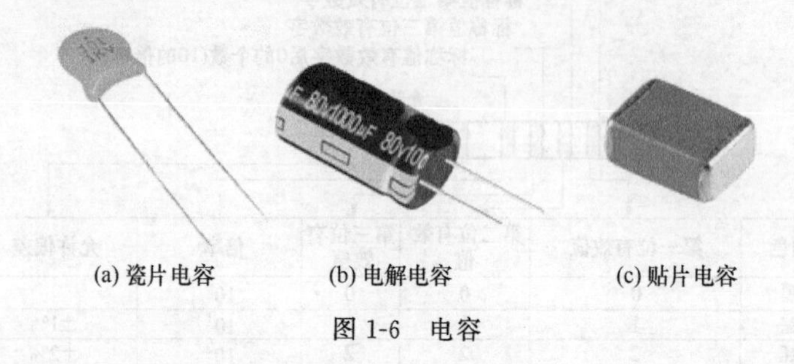

(a) 瓷片电容　(b) 电解电容　(c) 贴片电容

图1-6　电容

(三) 二极管

二极管是一种单向传导电流的电子元件，它在整流、检波及稳压电路中有着一定作用。它常用字母D表示。常用的二极管有普通二极管、稳压二极管、发光二极管、红外发射管和接收管等，如图1-7所示。

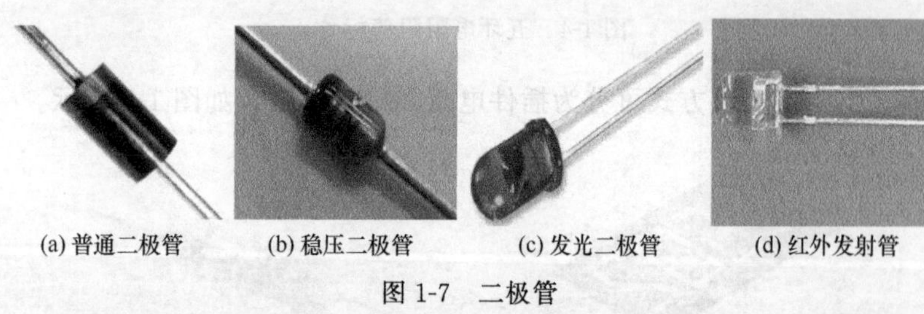

(a) 普通二极管　(b) 稳压二极管　(c) 发光二极管　(d) 红外发射管

图1-7　二极管

(四) 三极管

三极管是一种以电流控制电流的半导体电子元件，由基极、集电极与发射极构成，它的作用是将微弱的电信号放大。它常用字母Q表示，可分为开关管、功率管、达林顿管、光敏管等，如图1-8所示。

(五) 晶振

晶振是一种具有一定幅度及频率波形的振荡器，它在电路中起

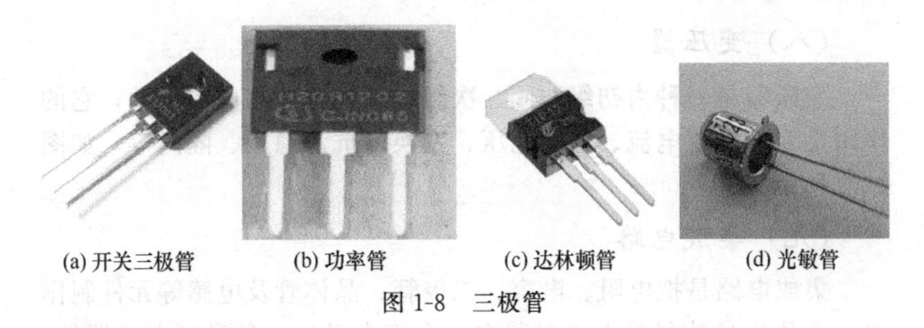

(a) 开关三极管　(b) 功率管　(c) 达林顿管　(d) 光敏管

图 1-8　三极管

到提供节拍的作用，常用字母 X、Y 表示。它也分为直插式和贴片式，如图 1-9 所示。

（六）电感

电感是用绝缘导线绕制而成的，又称为电抗器、扼流器，它的作用是把电能转化为磁能，常用字母 L 表示，它的单位有微亨（μH）、毫亨（mH）、亨利（H）。它可分为固定电感与可变电感，如图 1-10 所示。

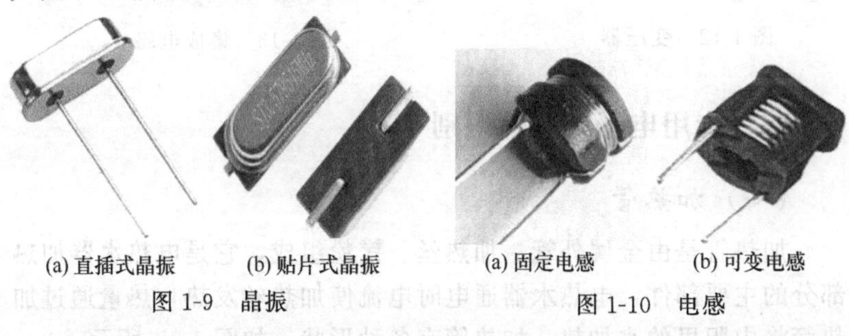

(a) 直插式晶振　(b) 贴片式晶振

图 1-9　晶振

(a) 固定电感　(b) 可变电感

图 1-10　电感

（七）熔丝

熔丝是一种当电路中电流超过某设定值时自身熔断从而切断电路的电子器件，其作用是保护电路。它可分为熔丝管和自恢复熔丝，如图 1-11 所示。

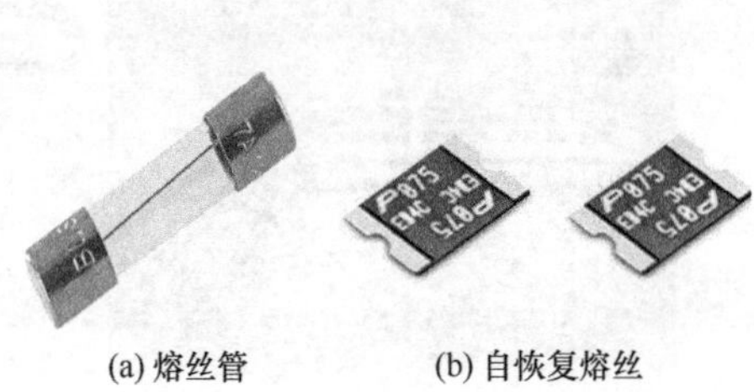

(a) 熔丝管　(b) 自恢复熔丝

图 1-11　熔丝

（八）变压器

变压器是一种由初级线圈、次级线圈和铁芯组成的器件，它的作用是变换交流电流、变换电压、变换阻抗、稳压、隔离等，如图 1-12 所示。

（九）集成电路

集成电路是把电阻、电容、二极管、晶体管及电感等元件制作在一小块半导体材料上再封装在一个管壳里的一种微型电子器件，它常用字母 IC 表示，如图 1-13 所示。

图 1-12　变压器

图 1-13　集成电路

二、专用电子元器件识别

（一）加热管

加热管是由金属外管、加热丝、镁粉组成，它是电热水器加热部分的主要部件，电热水器通电时电流使加热丝发热，热量通过加热管将内胆里的水加热。加热管有各种形状，如图 1-14 所示。

(a)

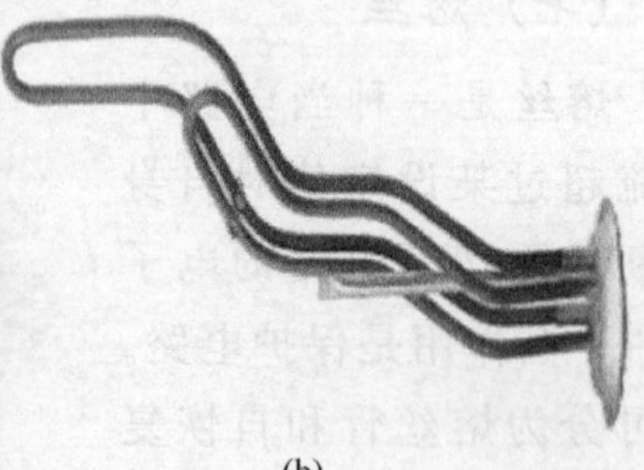

(b)

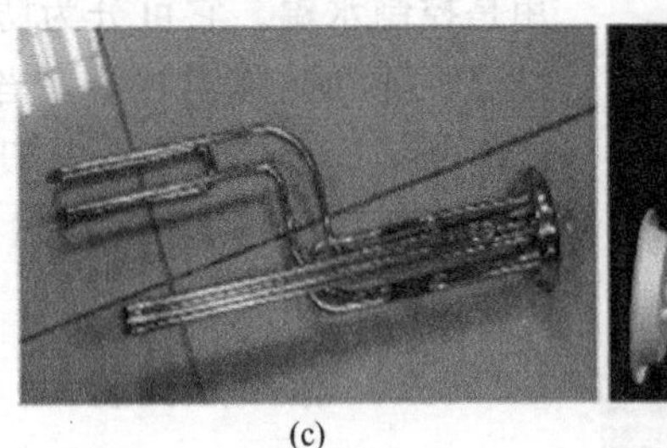
(c)

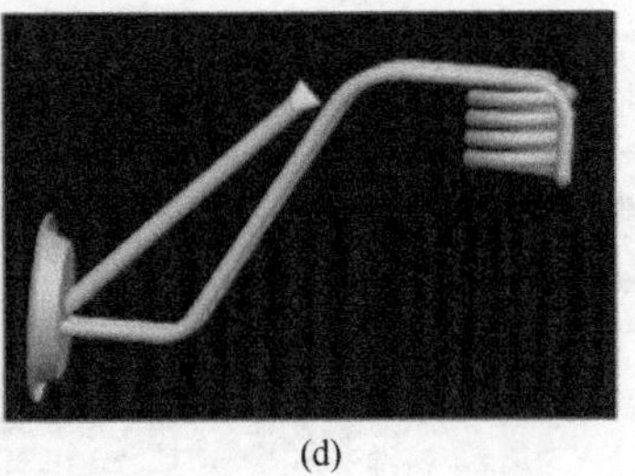
(d)

图 1-14　加热管

（二）镁棒

镁棒是由金属镁制成，又可称为阳极棒，它安装在热水器内胆内，主要用来防止热水器内胆腐蚀，如图 1-15 所示。

图 1-15　镁棒

（三）集热器

集热器是太阳能热水器中的集热元件，它利用太阳的辐射热量使水加热。它可分为全玻璃太阳能真空集热管和平板集热器，如图 1-16、图 1-17 所示。

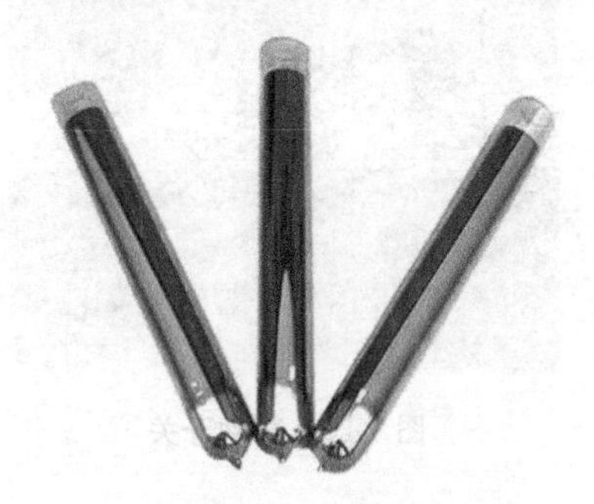
图 1-16　全玻璃太阳能真空集热管

图 1-17　平板集热器

（四）温控器

温控器常用在热水器的加热系统中，又可称为限温器，主要作

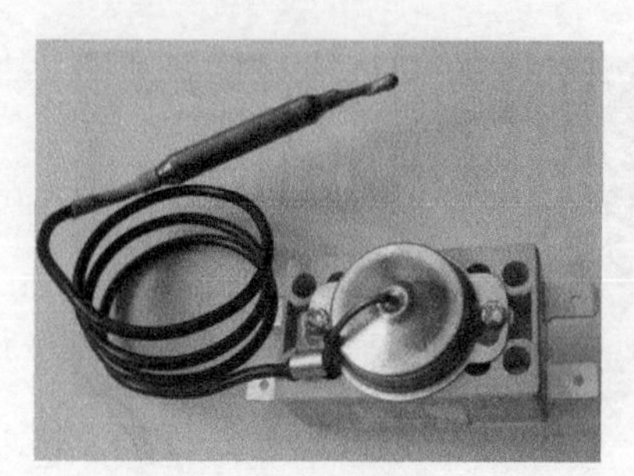

图 1-18 温控器

用是控制水温。它可分为防干烧温控器和防冻温控器，当水温超过某设定值或低于某设定值时，会自动断电，如图 1-18 所示。

（五）脉冲点火器

脉冲点火器常用于热水器的控制部分，它的作用是接收和输出控制信号使热水器自动控制，如图 1-19 所示。如图当微动开关闭合或接通后，脉冲点火器可自检电压及感应针是否正常，在正常的情况下开始点火。

（六）微动开关

微动开关又称灵敏开关，其主要作用是控制点火，当水压达到一定值时，微动开关内的膜片会将微动开关顶开使脉冲点火器接收信号而开始放电打火，如图 1-20 所示。

图 1-19 脉冲点火器

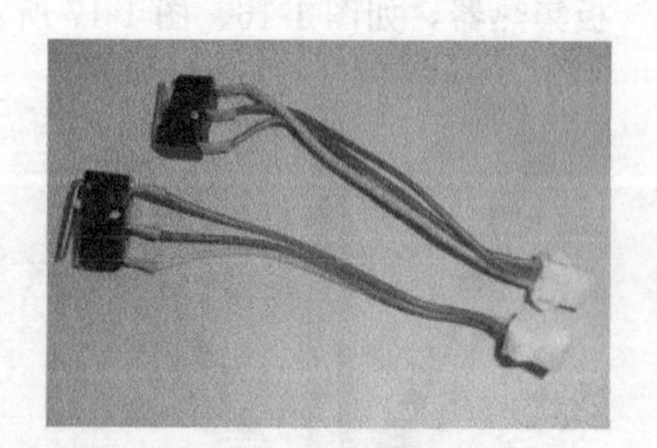

图 1-20 微动开关

（七）水气联动阀

水气联动阀是热水器的核心部分，主要由水气装置和气控装置组成，相关部件有进气口、泻压阀杆、锥形管、鼓膜、水温调节阀、顶杆、微动开关、火力调节阀、电磁阀及进气口等。它的作用是通过水流压力来控制燃气的供给及切断。水气联动阀的结构如图1-21所示。

（八）热交换器

热交换器也称为水箱总成，由铜管和换热铜片等组成，如图1-22所示。它主要起到一个传热作用，将燃烧器燃烧产生的热量传递给水，使热水器有热水流出。

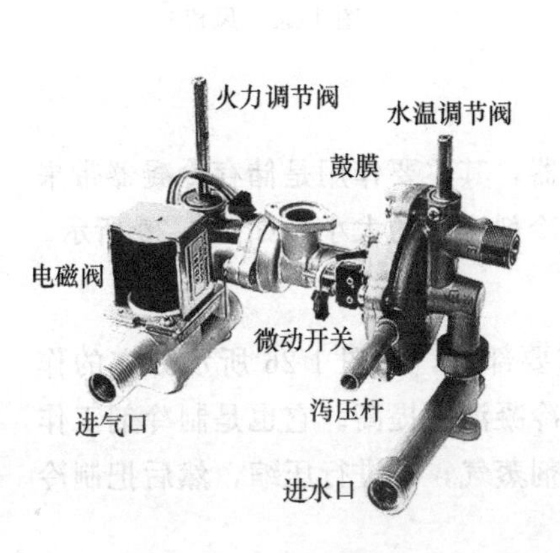

图1-21 水气联动阀

图1-22 热交换器

（九）电源盒

电源盒就是电源控制盒，它安装在机器的底部，其作用是将220V交流电降压、整流、稳压后再供给脉冲点火器，并且可通过继电器控制电动机的工作电源，如图1-23所示。

（十）风机

风机是热水器的一个通风部件，热水器空气的供给及烟气排放全靠它，如图1-24所示。它可分为强抽式风机和强鼓式风机，前者安装于热水器顶端，后者则安装于热水器底部。其作用主要是调节转速，使燃气燃烧和排出燃烧废气。

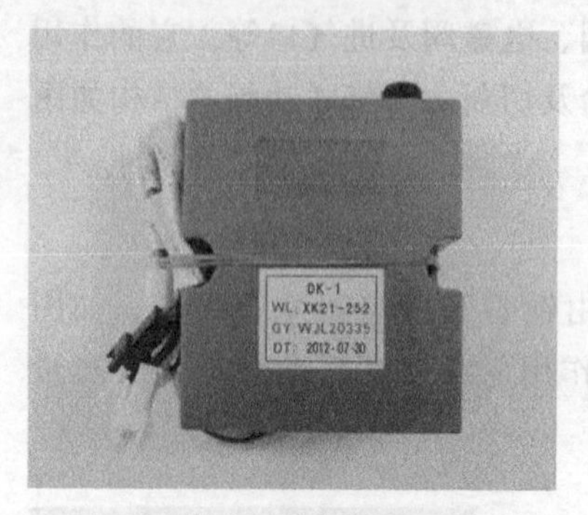

图 1-23　电源盒

图 1-24　风机

（十一）储液器

储液器主要用于热泵型热水器，其主要作用是储存冷凝器带来的制冷剂液体，及调节系统中制冷剂流量的大小，如图 1-25 所示。

（十二）压缩机

压缩机是空气能热水器的重要部件，如图 1-26 所示。它的作用是提高冷凝的压力使制冷剂的冷凝温度提高。它也是制冷剂工作循环的动力源，它首先吸收制冷剂蒸气，再进行压缩，然后把制冷剂蒸气排出。

图 1-25　储液器

图 1-26　压缩机

（十三）冷凝器

冷凝器是把压缩机排放出来的高温制冷剂气体在一定的压力下释放热量变成液体，且高温制冷剂在冷凝器中冷凝，如图 1-27 所示。

（十四）蒸发器

蒸发器是一个热量交换部件，如图 1-28 所示。它的作用是把在压缩机和毛细管作用下减压的液体制冷剂蒸发变成气体。

图 1-27 冷凝器

图 1-28 蒸发器

（十五）膨胀阀

膨胀阀是空气能热水器中的节流部件，它的作用是把高压、高温液体制冷剂变为低压的液体制冷剂。它可分为机械式膨胀阀和电子式膨胀阀两种，如图 1-29 所示。

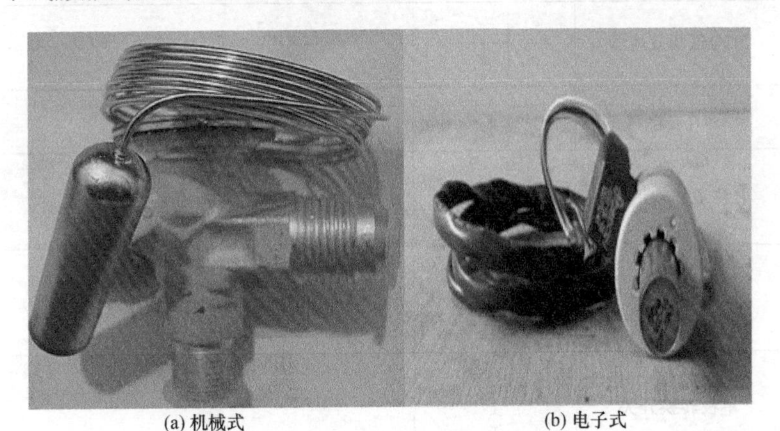

(a) 机械式　　(b) 电子式

图 1-29 膨胀阀

※知识链接※　更换电子膨胀阀时应特别注意，由于不同的厂家使用的电子膨胀阀的插头排列顺序不一定相同，更换电子膨胀阀时应先判断电子膨胀阀的插头方向是否正确。判断方法是：换上新电子膨胀阀后，在第一次开机时，待压缩机启动后1min内，用压力表检测压缩机的压力值并记录下最大的压力值。关机后断开电源，再将电子膨胀阀的插头反过来插，重新加电开机，在压缩机启动1min后，再测量压缩机的压力值并记录下最大的压力值，关机断电。将前后两次的测量值进行比较，测量值较小的那次电子膨胀阀的插法即是正确的插法。如果电子膨胀阀插反，则容易损坏电子膨胀阀。

课堂三 电路识图

一、电路图形符号简介

符号含义	电路或器件符号	备注
NPN 三极管		
N 沟道场效应管		
PNP 三极管		
P 沟道场效应管		
按钮开关	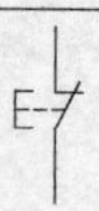 E-7	
单极转换开关		

续表

符号含义	电路或器件符号	备注
导线丁字形连接	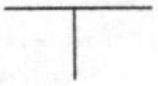	
导线间绝缘击穿	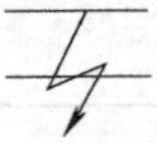	
电感		
电感(带铁芯)		
电感(带铁芯有间隙)		
电气或电路连接点		
电阻		
端子		
断路器		
二极管		
反相器	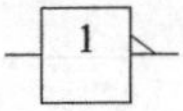 1	
放大器	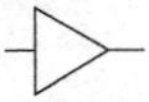	
非门逻辑元件	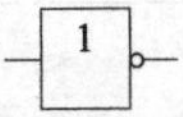 1	
蜂鸣器		
高压负荷开关		
高压隔离开关		

续表

符号含义	电路或器件符号	备注
滑动电位器		
滑动电阻器		
或逻辑元件	≥1	
极性电容		如电解电容
继电器线圈		
交流	～	表示交流电源
交流电动机	M	
交流继电器线圈		
交流整流器		
接触器动断触点		
接触器动合触点		
接地		热地
接地		抗干扰接地
接地		保护接地

续表

符号含义	电路或器件符号	备注
接地		接机壳
接地		冷地
开关		
可变电容		
可变电阻		
滤波器		
桥式全波整流器		
热继电器开关		
热继电器驱动部分		
热敏开关		
手动开关		
稳压二极管		
无极性电容		
线圈(混合)		
压缩器		
异或逻辑元件	=1	

续表

符号含义	电路或器件符号	备注
与逻辑元件	&	
直流		表示直流电源
直流并励电动机	M	
直流串磁电动机	M	
直流电动机	M	
直流他励电动机	M	
中性线、零线	N	L表示火线,E表示地线

二、热水器常用元器件引脚功能

（一）74HC138D

脚号	引脚符号	引脚功能	备注
1	A_0	地址输入	1. 封装:采用16引脚SOP封装 2. 用途:3～8线译码器、多路转换,应用在电热水器上 3. 关键参数:电源电压(V_{CC})为2.0～4.5～6.0V、$T_R=T_F=6ns$、$C_L=50pF$ 4. 主要引脚排列及内部结构如图1-30所示
2	A_1	地址输入	
3	A_2	地址输入	
4	$\overline{E_1}$	使能输入	
5	$\overline{E_2}$	使能输入	
6	E_3	使能输入	
7	$\overline{Y_7}$	输出	
8	GND	地	
9	$\overline{Y_6}$	输出	
10	$\overline{Y_5}$	输出	
11	$\overline{Y_4}$	输出	
12	$\overline{Y_3}$	输出	

续表

脚号	引脚符号	引脚功能	备注
13	$\overline{Y}_2$	输出	
14	$\overline{Y}_1$	输出	
15	$\overline{Y}_0$	输出	
16	V_{CC}	电源	

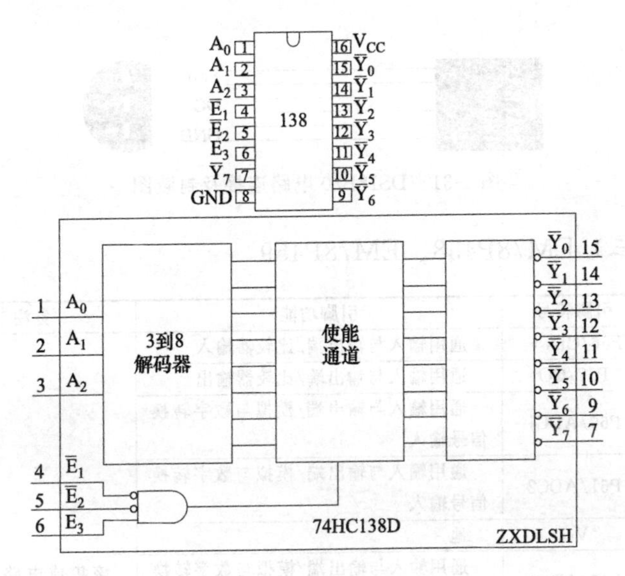

图 1-30 74HC138D 主要引脚排列及内部结构

(二) DS18B20

脚号	引脚符号	引脚功能	备注
1	GND	地	DS18B20 是数字温度传感器，温度测量范围为－55～125℃，它集温度测量与 A/D 转换为一体，直接输出数字量，传输距离远，可以实现多点检测，硬件结构简单，避免了传统热电偶、热电阻模拟信号到数字信号转换，硬件结构复杂、成本高的缺点，其电路连接及封装如图 1-31 所示
2	DQ	数字输入/输出	
3	V_{DD}	可选的 5V 电源	

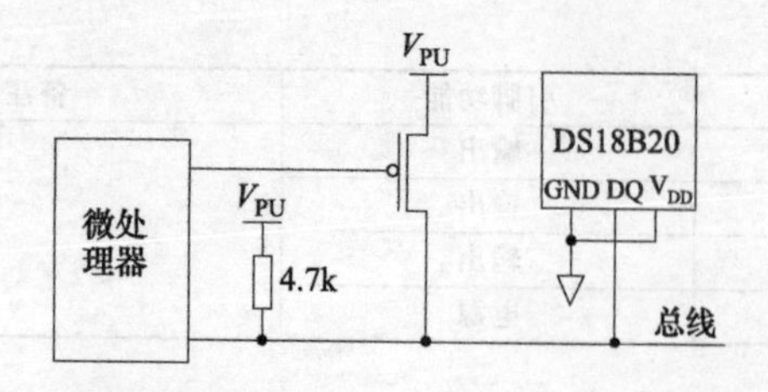

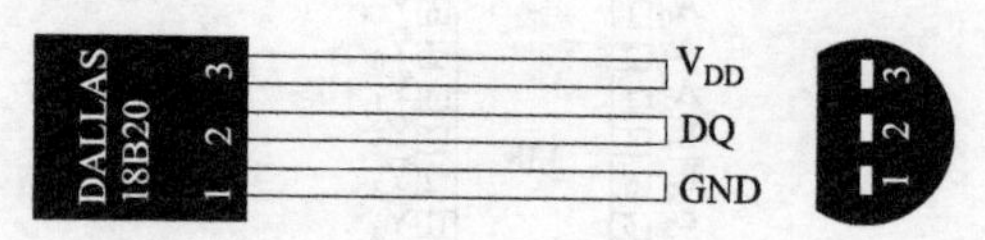

图 1-31 DS18B20 电路连接及封装图

（三）EM78P458、EM78P459

脚号	引脚符号	引脚功能	备注
1	P56/CIN+	通用输入与输出端/比较器输入	该集成电路为台湾EMC公司推出的一款高性能CMOS工艺的8位单片机。图1-32所示为EM78P458、EM78P459封装及关键引脚电路图
2	P57/CO	通用输入与输出端/比较器输出	
3	P60/ADC1	通用输入与输出端/模拟与数字转换信号输入	
4	P61/ADC2	通用输入与输出端/模拟与数字转换信号输入	
5	V_{SS}	地	
6	P62/ADC3	通用输入与输出端/模拟与数字转换信号输入	
7	P63/ADC4	通用输入与输出端/模拟与数字转换信号输入	
8	P64/ADC5	通用输入与输出端/模拟与数字转换信号输入	
9	P65/ADC6	通用输入与输出端/模拟与数字转换信号输入	
10	P66/ADC7	通用输入与输出端/模拟与数字转换信号输入	
11	P67/ADC8	通用输入与输出端/模拟与数字转换信号输入	
12	P50/INT	通用输入端/外部中断	
13	P51/PWM1	通用输入与输出端/PWM 输出	

续表

脚号	引脚符号	引脚功能	备注
14	P52/PWM2	通用输入与输出端/PWM 输出	该集成电路为台湾EMC公司推出的一款高性能 CMOS 工艺的 8 位单片机。图 1-32 所示为 EM78P458、EM78P459 封装及关键引脚电路图
15	P53/VREF	通用输入与输出端/ADC 外部参考电压	
16	V_{DD}	电源	
17	OSCO	晶振输出	
18	OSCI	晶振输入	
19	P54/TCC	通用输入与输出端/实时时钟、计数器与施密特触发器输入	
20	P55/CIN−	通用输入与输出端/比较器输入	

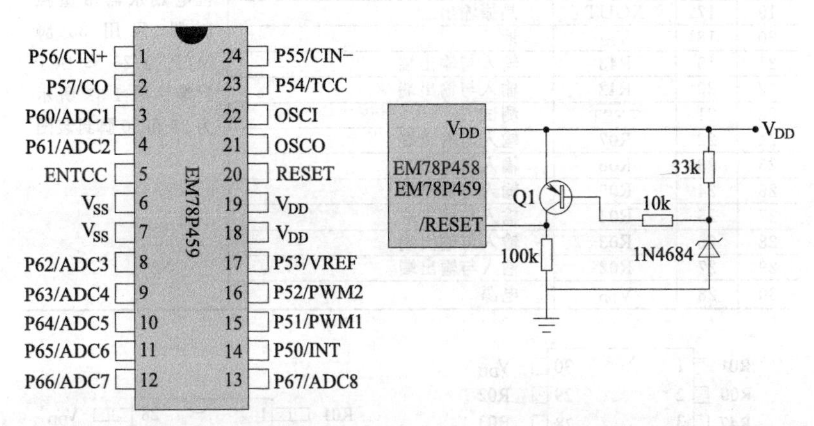

图 1-32 EM78P458、EM78P459 封装及关键引脚电路图

（四）GMS81504T

脚号		引脚符号	引脚功能	备注
30 脚	28 脚			
1	1	R01	输入与输出端	GMS81504 是带有 4k 字节 ROM 的一个高性能 CMOS 8 位电热水器微型控制器，采用 30 脚 SDIP 与 28 脚 SOP 封装。图 1-33 所示为 28 和 30 脚封装图
2	2	R00	输入与输出端	
3	3	R47	输入与输出端	
4	4	R46/T10	输入与输出端/定时器 1 时钟输出	
5	5	R45	输入与输出端	
6	6	R44/$\overline{ECO}$	输入与输出端/定时器与计数器外部计数输入	
7	7	R67/AN7	输入与输出端/ADC 输入	

续表

<table>
<tr><th colspan="2">脚号</th><th rowspan="2">引脚符号</th><th rowspan="2">引脚功能</th><th rowspan="2">备注</th></tr>
<tr><th>30 脚</th><th>28 脚</th></tr>
<tr><td>8</td><td>8</td><td>R66/AN6</td><td>输入与输出端/ADC 输入</td><td rowspan="23">GMS81504 是带有 4k 字节 ROM 的一个高性能 CMOS8 位电热水器微型控制器，采用 30 脚 SDIP 与 28 脚 SOP 封装。图 1-33 所示为 28 和 30 脚封装图</td></tr>
<tr><td>9</td><td>9</td><td>AV_{DD}</td><td>电源</td></tr>
<tr><td>10</td><td>10</td><td>R65/AN5</td><td>输入与输出端/ADC 输入</td></tr>
<tr><td>11</td><td>11</td><td>R64/AN4</td><td>输入与输出端/ADC 输入</td></tr>
<tr><td>12</td><td>12</td><td>R41/$\overline{\text{INT1}}$</td><td>输入与输出端/外部中断</td></tr>
<tr><td>13</td><td>13</td><td>R40/$\overline{\text{INT0}}$</td><td>输入与输出端/外部中断</td></tr>
<tr><td>14</td><td>14</td><td>R55/BUZ</td><td>输入与输出端/蜂鸣器信号</td></tr>
<tr><td>15</td><td></td><td>R56</td><td>输入与输出端</td></tr>
<tr><td>16</td><td></td><td>R57</td><td>输入与输出端</td></tr>
<tr><td>17</td><td>15</td><td>$\overline{\text{RESET}}$</td><td>复位信号</td></tr>
<tr><td>18</td><td>16</td><td>XIN</td><td>晶振输入</td></tr>
<tr><td>19</td><td>17</td><td>XOUT</td><td>晶振输出</td></tr>
<tr><td>20</td><td>18</td><td>V_{SS}</td><td>地</td></tr>
<tr><td>21</td><td>19</td><td>R43</td><td>输入与输出端</td></tr>
<tr><td>22</td><td>20</td><td>R42</td><td>输入与输出端</td></tr>
<tr><td>23</td><td>21</td><td>$\overline{\text{TEST}}$</td><td>测试</td></tr>
<tr><td>24</td><td>22</td><td>R07</td><td>输入与输出端</td></tr>
<tr><td>25</td><td>23</td><td>R06</td><td>输入与输出端</td></tr>
<tr><td>26</td><td>24</td><td>R05</td><td>输入与输出端</td></tr>
<tr><td>27</td><td>25</td><td>R04</td><td>输入与输出端</td></tr>
<tr><td>28</td><td>26</td><td>R03</td><td>输入与输出端</td></tr>
<tr><td>29</td><td>27</td><td>R02</td><td>输入与输出端</td></tr>
<tr><td>30</td><td>28</td><td>V_{DD}</td><td>电源</td></tr>
</table>

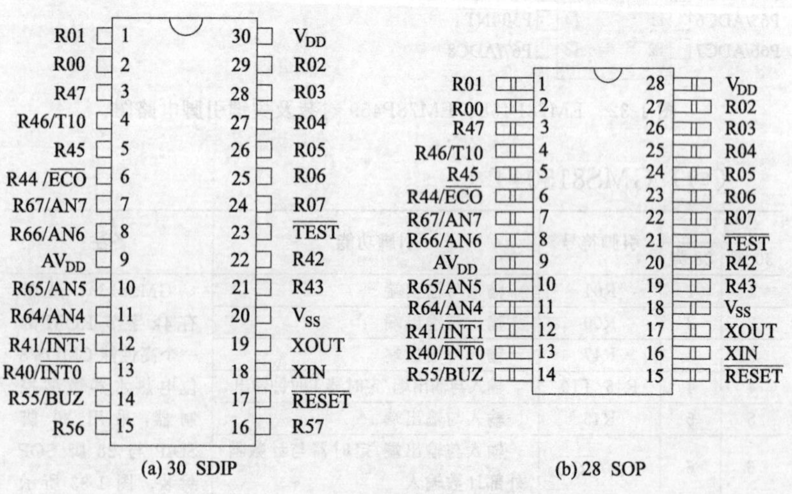

(a) 30 SDIP (b) 28 SOP

图 1-33 GMS81504T 封装图

（五）HT9274

脚号	引脚符号	引脚功能	备注
1	1OUT	运算放大器 1 输出	1. 封装：采用 14 脚 DIP/SOP 封装 2. 用途：四微功率运算放大器 3. 实际应用：太阳能热水器温度检测电路 4. 关键参数：工作电压为 1.6～5.5V 5. 主要引脚排列及内部结构如图 1-34 所示
2	1IN－	运算放大器 1 反相输入	
3	1IN＋	运算放大器 1 非反相输入	
4	V_{DD}	电源	
5	2IN＋	运算放大器 2 非反相输入	
6	2IN－	运算放大器 1 反相输入	
7	2OUT	运算放大器 2 输出	
8	3OUT	运算放大器 3 输出	
9	3IN－	运算放大器 3 反相输入	
10	3IN＋	运算放大器 3 非反相输入	
11	V_{SS}	地	
12	4IN＋	运算放大器 4 非反相输入	
13	4IN－	运算放大器 4 反相输入	
14	4OUT	运算放大器 4 输出	

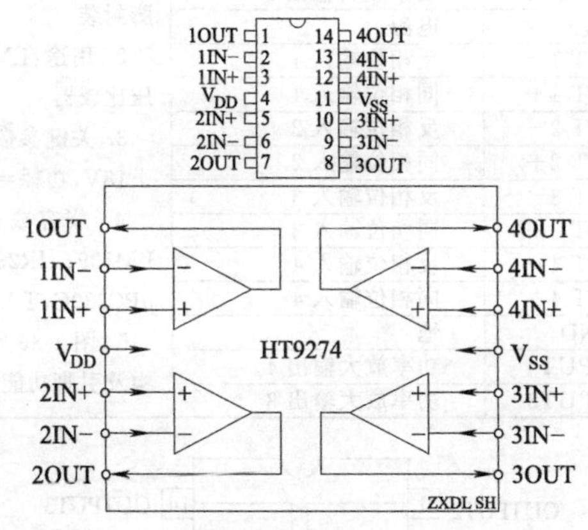

图 1-34　HT9274 主要引脚排列及内部结构

（六）L7805

脚号	引脚符号	引脚功能	备注
1	IN PUT	输入端	1. 封装：采用 TO-220 封装 2. 用途：该集成电路为三端稳压块 3. 关键参数：输出电为 4.8～5.2V，输入电压为 7.5～20V，工作温度范围为－55～150℃ 4. 图 1-35 所示为其内部结构及引脚功能图
2	OUT PUT	输出端	
3	GND	地	

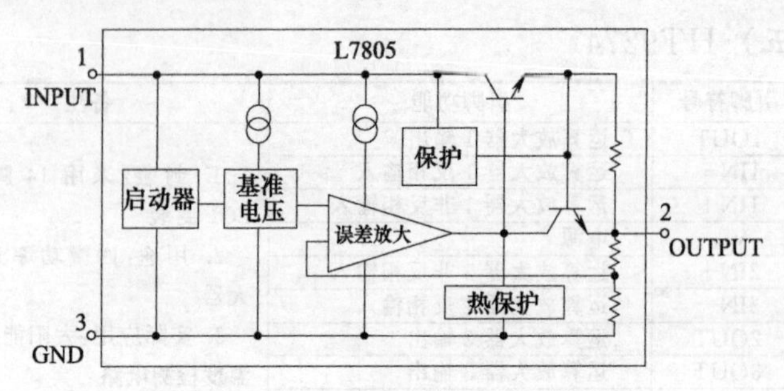

图 1-35 L7805 内部结构及引脚功能图

（七）LM339N

脚号	引脚符号	引脚功能	备注
1	OUTPUT2	功率放大输出 1	1. 封装：采用双列直插 14 脚封装 2. 用途：LM339N 为四路电压比较器 3. 关键参数：最高工作电压 ±18V，功耗＝265mW 4. 兼容或代换参考型号：LM339、IR2339、μA339PC、μPC339C、TA75339 5. 图 1-36 所示为其内部结构及引脚功能图
2	OUTPUT1	功率放大输出 2	
3	V_{CC}	电源	
4	INPUT 1－	反相位输入 1	
5	INPUT 1＋	同相位输入 1	
6	INPUT 2－	反相位输入 2	
7	INPUT 2＋	同相位输入 2	
8	INPUT 3－	反相位输入 3	
9	INPUT 3＋	同相位输入 3	
10	INPUT 4－	反相位输入 4	
11	INPUT 4＋	同相位输入 4	
12	GND	地	
13	OUTPUT4	功率放大输出 4	
14	OUTPUT3	功率放大输出 3	

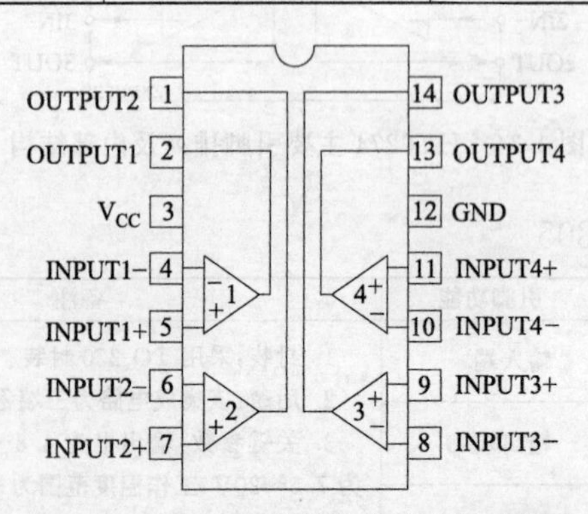

图 1-36 LM339N 内部结构及引脚功能图

（八）LM358

脚号	引脚符号	引脚功能	备注
1	AMPOUT1	功率放大输出 1	1. 该集成电路为双列或单列 8 脚封装 2. 电源：8 脚为＋12.00V 3. 主要用途：二运算功率放大器 4. 图 1-37 所示为其内部结构及引脚功能图
2	IN1－	反相位输入 1	
3	IN1＋	同相位输入 1	
4	GND	地	
5	IN2＋	同相位输入 2	
6	IN2－	反相位输入 2	
7	AMPOUT2	功率放大输出 2	
8	V_{CC}	电源	

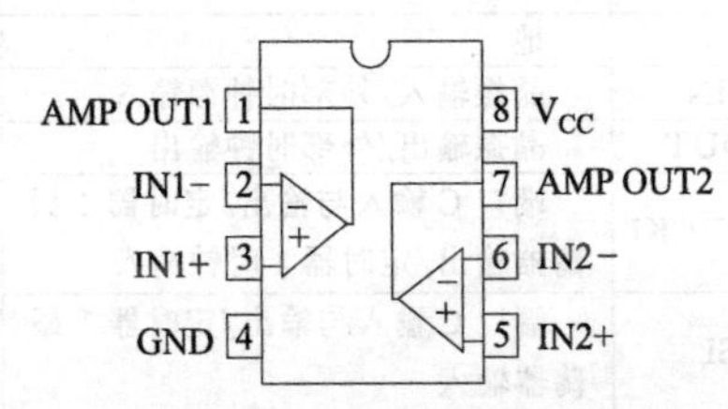

图 1-37　LM358 内部结构及引脚功能图

（九）PC817

脚号	引脚符号	引脚功能	备注
1	ANODE	阳极	1. 封装：采用 4 脚封装 2. 用途：光电耦合器 3. 图 1-38 所示为引脚及内部结构图
2	CATHODE	阴极	
3	EMITTER	发射极	
4	COLLECTOR	集电极	

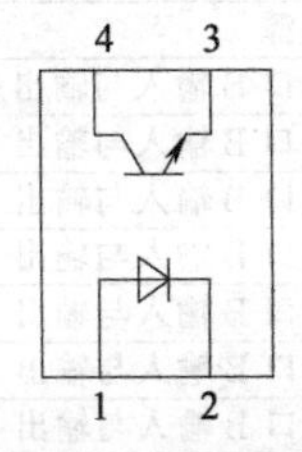

图 1-38　PC817 引脚及内部结构图

（十）PIC16C72

脚号	引脚符号	引脚功能	备注
1	$\overline{MCLR}$/V_{PP}	主清零(复位)输入或可编程电压输入	该集成电路为8位CMOS微控制器与A/D转换器。图1-39所示为其引脚及封装图
2	RA0/AN0	端口A输入与输出/模拟输入	
3	RA1/AN1	端口A输入与输出/模拟输入	
4	RA2/AN2	端口A输入与输出/模拟输入	
5	RA3/AN3/VREF	端口A输入与输出/模拟输入/参考电压	
6	RA4/T0CKI	端口A输入与输出/模拟输入/定时器0模块时钟输入	
7	RA5/$\overline{SS}$/AN4	端口A输入与输出/从选择/模拟输入	
8	V_{SS}	地	
9	OSC1/CLKIN	晶振输入/外部时钟源输入	
10	OSC2/CLKOUT	晶振输出/外部时钟输出	
11	RC0/T1OSO/T1CKI	端口C输入与输出/定时器1振荡器输出/定时器1时钟输入	
12	RC1/T1OSI	端口C输入与输出/定时器1振荡器输入	
13	RC2/CCP1	端口C输入与输出/捕捉输入与比较输出	
14	RC3/SCK/SCL	端口C输入与输出/串行时钟/时钟信号	
15	RC4/SDI/SDA	端口C输入与输出/串行数据输入/数据信号	
16	RC5/SDO	端口C输入与输出/串行数据输出	
17	RC6	端口C输入与输出	
18	RC7	端口C输入与输出	
19	V_{SS}	地	
20	V_{DD}	电源	
21	RB0/INT	端口B输入与输出/中断信号	
22	RB1	端口B输入与输出	
23	RB2	端口B输入与输出	
24	RB3	端口B输入与输出	
25	RB4	端口B输入与输出	
26	RB5	端口B输入与输出	
27	RB6	端口B输入与输出	
28	RB7	端口B输入与输出	

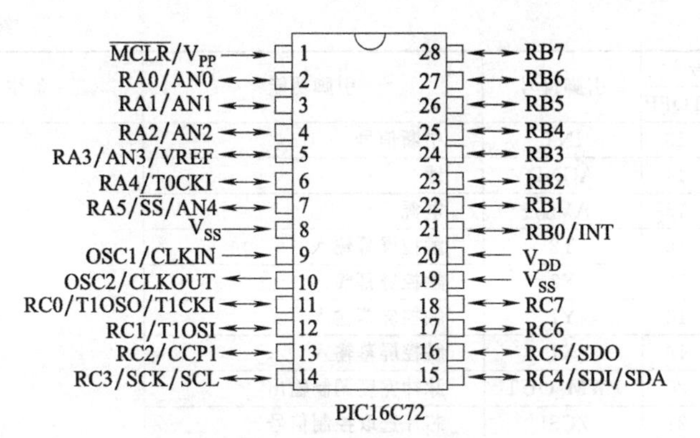

图 1-39　PIC16C72 引脚及封装图

（十一）RA8806L2N-T

脚号		引脚符号	引脚功能	备注
LQFP	TQFP			
1	78	V_{DDP}	电源	RA8806L2N-T 是一个文字与绘图模式的点矩阵液晶显示控制器，其内建了双图层(two page)显示内存，及 512kB ROM 的字型码，可以显示全型(16×16pixels)的繁体中文字型或是简体中文字型，采用 LQFP-100 与 TQFP-80 封装。图 1-40 所示为其 LQFP 封装图
2	79	GNDP	地	
3		NC	空脚	
4		NC	空脚	
5	80	LD0	LCD 驱动数据总线	
6	1	LD1	LCD 驱动数据总线	
7	2	LD2	LCD 驱动数据总线	
8	3	LD3	LCD 驱动数据总线	
9		LD4	LCD 驱动数据总线	
10		LD5	LCD 驱动数据总线	
11		LD6	LCD 驱动数据总线	
12		LD7	LCD 驱动数据总线	
13	4	ZDOFF	LCD 显示关闭信号	
14	5	XCK	LCD 传送时脉冲信号	
15	6	YD	LCD 每帧的起始信号	
16	7	LP	LCD 普通锁存信号	
17	8	FR	LCD 交流波形控制信号	
18	9	GND	地	
19	10	V_{DD}	电源	
20	11	V_{DDH}	电源	
21	12	BUSY	忙碌信号	

续表

脚号		引脚符号	引脚功能	备注
LQFP	TQFP			
22	13	INT	中断信号	RA8806L2N-T 是一个文字与绘图模式的点矩阵液晶显示控制器，其内建了双图层(two page)显示内存，及 512kB ROM 的字型码，可以显示全型(16×16pixels)的繁体中文字型或是简体中文字型，采用 LQFP-100 与 TQFP-80 封装。图 1-40 所示为其 LQFP 封装图
23	14	AGND	地	
24	15	AV_{DD}	电源	
25	16	Y2	触控屏幕输入	
26	17	X2	触控屏幕输入	
27	18	Y1	触控屏幕输入	
28	19	X1	触控屏幕输入	
29	20	PWM_OUT	脉冲宽度调制输出	
30	21	ZCS1	芯片选取控制信号	
31	22	CS2	芯片选择	
32	23	RS	指令/数据选择控制信号	
33	24	GNDP	地	
34	25	V_{DDP}	电源	
35	26	ZWR	写入/读写控制信号	
36	27	ZRD	致能/读取控制信号	
37	28	DATA0	数据总线	
38	29	DATA1	数据总线	
39	30	DATA2	数据总线	
40	31	DATA3	数据总线	
41	32	DATA4	数据总线	
42	33	DATA5	数据总线	
43	34	DATA6	数据总线	
44	35	DATA7	数据总线	
45		NC	空脚	
46	36	XD	振荡时钟数据端	
47	37	XG	振荡时钟接地端	
48	38	ZRST	重置信号	
49	39	TESTI	信号测试输入	
50	40	TESTMD	数据测试	
51	41	CLK_OUT	时钟输出	
52	42	NC	空脚	
53	43	NC	空脚	
54	44	NC	空脚	
55	45	NC	空脚	
56	46	NC	空脚	
57	47	NC	空脚	

续表

脚号		引脚符号	引脚功能	备注
LQFP	TQFP			
58	48	NC	空脚	RA8806L2N-T是一个文字与绘图模式的点矩阵液晶显示控制器,其内建了双图层(two page)显示内存,及512kB ROM的字型码,可以显示全型(16×16pixels)的繁体中文字型或是简体中文字型,采用LQFP-100与TQFP-80封装。图1-40所示为其LQFP封装图
59	49	NC	空脚	
60	50	NC	空脚	
61	51	NC	空脚	
62	52	NC	空脚	
63	53	NC	空脚	
64	54	NC	空脚	
65	55	NC	空脚	
66	56	NC	空脚	
67	57	NC	空脚	
68	58	NC	空脚	
69	59	NC	空脚	
70		NC	空脚	
71		NC	空脚	
72		NC	空脚	
73		NC	空脚	
74		NC	空脚	
75		NC	空脚	
76		NC	空脚	
77		NC	空脚	
78		NC	空脚	
79		NC	空脚	
80		NC	空脚	
81		NC	空脚	
82	60	KIN0	键盘输入	
83	61	KIN1	键盘输入	
84	62	KIN2	键盘输入	
85	63	KIN3	键盘输入	
86	64	KIN4	键盘输入	
87	65	KIN5	键盘输入	
88	66	KIN6	键盘输入	
89	67	KIN7	键盘输入	
90	68	KOUT0	键盘输出	
91	69	KOUT1	键盘输出	
92	70	KOUT2	键盘输出	

续表

脚号		引脚符号	引脚功能	备注
LQFP	TQFP			
93	71	KOUT3	键盘输出	RA8806L2N-T 是一个文字与绘图模式的点矩阵液晶显示控制器，其内建了双图层(two page)显示内存，及 512kB ROM 的字型码，可以显示全型(16×16pixels)的繁体中文字型或是简体中文字型，采用 LQFP-100 与 TQFP-80 封装。图 1-40 所示为其 LQFP 封装图
94	72	KOUT4	键盘输出	
95	73	KOUT5	键盘输出	
96	74	KOUT6	键盘输出	
97	75	KOUT7	键盘输出	
98	76	DB	MPU 数据总线选择	
99	77	MI	MPU 系列选择	
100		DW	LCD 总线选择	

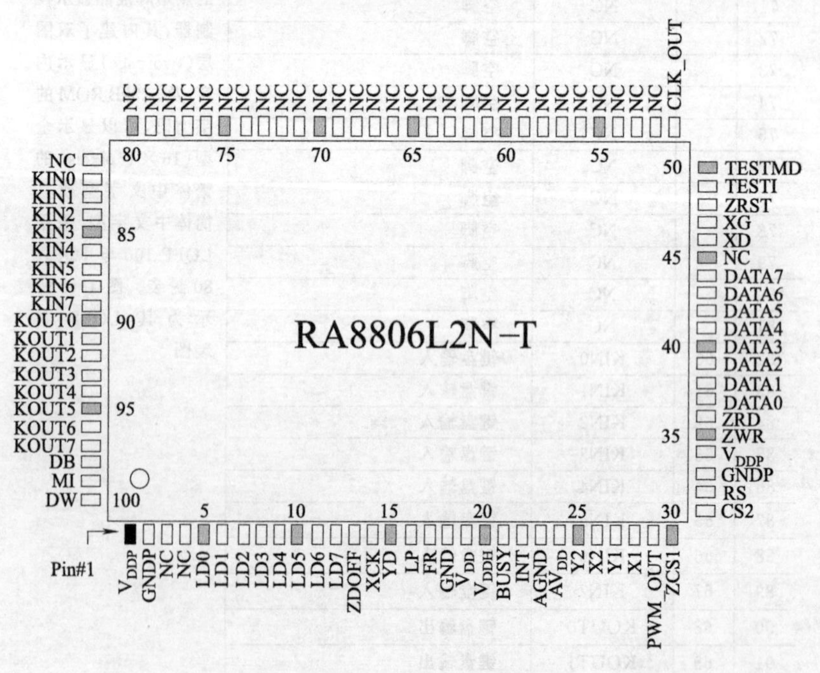

图 1-40 RA8806 LQFP 封装图

（十二）S3C72N2、S3C72N4、S3P72N4

脚号	引脚符号	引脚功能	备注
1	COM0	LCD公共信号输出	该集成电路为单芯片CMOS微控制器，采用64脚QFP封装。主要应用在清华阳光阳光浴宝上。S3C72N2、S3C72N4、S3P72N4三个型号内部框图如图1-41所示，外部封装如图1-42所示，三者之间存在细微差别，读者可根据实际电路参考代换
2	COM1	LCD公共信号输出	
3	COM2	LCD公共信号输出	
4	COM3	LCD公共信号输出	
5	BIAS	LCD电源控制	
6	VLC0	LCD电源	
7	SDAT/VLC1	串行数据/LCD电源	
8	SCLK/VLC2	串行时钟/LCD电源	
9	V_{DD}	电源	
10	V_{SS}	地	
11	X_{out}	晶振输出（主系统时钟）	
12	X_{in}	晶振输入（主系统时钟）	
13	V_{PP}/TEST	EPROM单元写入功率电源/测试	
14	XT_{in}	晶振输入（子系统时钟）	
15	XT_{out}	晶振输出（子系统时钟）	
16	RESET	复位	
17	P1.0/INT0	4位输入端口/外部中断	
18	P1.1/TIN1	4位输入端口/外部中断	
19	P1.2/INT2	4位输入端口/外部中断	
20	P1.3/TCL0	4位输入端口/定时与计数器外部时钟输入	
21	P2.0/TCLO0	4位输入与输出端口/定时与计数器0时钟输出	
22	P2.1	4位输入与输出端口	
23	P2.2/CLO	4位输入与输出端口/CPU时钟输出	
24	P2.3/BUZ	4位输入与输出端口/蜂鸣器输出	
25	P3.0/LCDCK	4位输入与输出端口/LCD时钟输出	
26	P3.1/LCDSY	4位输入与输出端口/LCD同步输出	
27	P3.2	4位输入与输出端口	
28	P3.3	4位输入与输出端口	
29	P6.0/KS0	4位输入与输出端口/准中断输入	

续表

脚号	引脚符号	引脚功能	备注
30	P6.1/KS1	4位输入与输出端口/准中断输入	该集成电路为单芯片CMOS微控制器,采用64脚QFP封装。主要应用在清华阳光阳光浴宝上。S3C72N2、S3C72N4、S3P72N4三个型号内部框图如图1-41所示,外部封装如图1-42所示,三者之间存在细微差别,读者可根据实际电路参考代换
31	P6.2/KS2	4位输入与输出端口/准中断输入	
32	P6.3/KS3	4位输入与输出端口/准中断输入	
33	SEG31/P8.7	1位数据输出端口/LCD段信号输出	
34	SEG30/P8.6	1位数据输出端口/LCD段信号输出	
35	SEG29/P8.5	1位数据输出端口/LCD段信号输出	
36	SEG28/P8.4	1位数据输出端口/LCD段信号输出	
37	SEG27/P8.3	1位数据输出端口/LCD段信号输出	
38	SEG26/P8.2	1位数据输出端口/LCD段信号输出	
39	SEG25/P8.1	1位数据输出端口/LCD段信号输出	
40	SEG24/P8.0	1位数据输出端口/LCD段信号输出	
41	SEG23	LCD段信号输出	
42	SEG22	LCD段信号输出	
43	SEG21	LCD段信号输出	
44	SEG20	LCD段信号输出	
45	SEG19	LCD段信号输出	
46	SEG18	LCD段信号输出	
47	SEG17	LCD段信号输出	
48	SEG16	LCD段信号输出	
49	SEG15	LCD段信号输出	
50	SEG14	LCD段信号输出	
51	SEG13	LCD段信号输出	

续表

脚号	引脚符号	引脚功能	备注
52	SEG12	LCD段信号输出	该集成电路为单芯片CMOS微控制器，采用64脚QFP封装。主要应用在清华阳光阳光浴宝上。S3C72N2、S3C72N4、S3P72N4三个型号内部框图如图1-41所示，外部封装如图1-42所示，三者之间存在细微差别，读者可根据实际电路参考代换
53	SEG11	LCD段信号输出	
54	SEG10	LCD段信号输出	
55	SEG9	LCD段信号输出	
56	SEG8	LCD段信号输出	
57	SEG7	LCD段信号输出	
58	SEG6	LCD段信号输出	
59	SEG5	LCD段信号输出	
60	SEG4	LCD段信号输出	
61	SEG3	LCD段信号输出	
62	SEG2	LCD段信号输出	
63	SEG1	LCD段信号输出	
64	SEG0	LCD段信号输出	

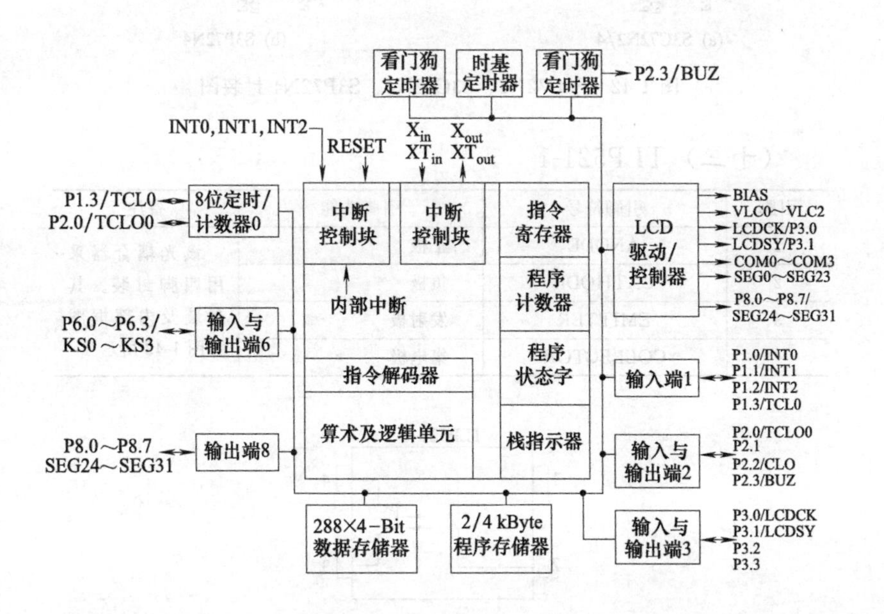

图1-41 S3C72N2、S3C72N4、S3P72N4内部框图

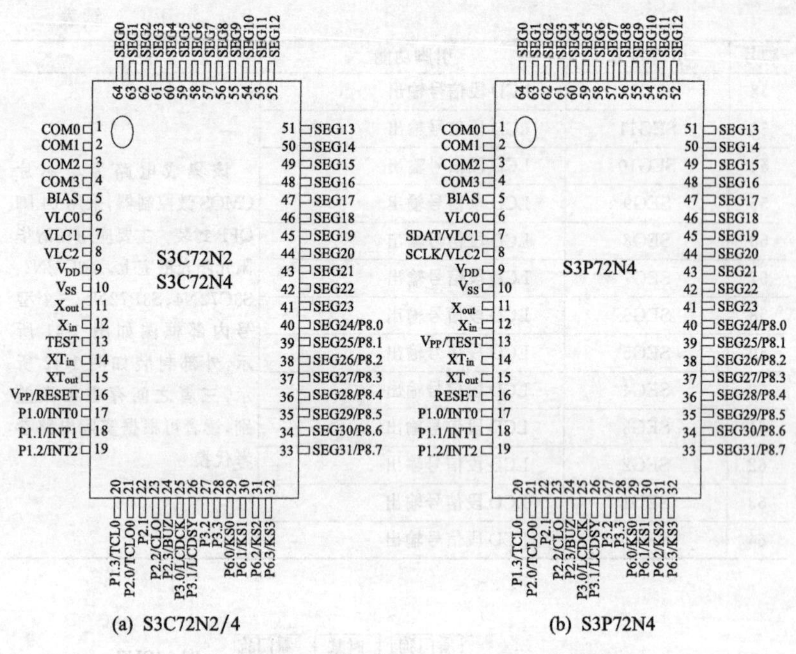

图 1-42　S3C72N2、S3C72N4、S3P72N4 封装图

（十三）TLP521-1

引脚	引脚符号	引脚功能	备注
1	ANODE	正极	该光耦合器采用四脚封装。其封装及内部框图如图 1-43 所示
2	CATHODE	负极	
3	EMITTER	发射极	
4	COLLECTOR	集电极	

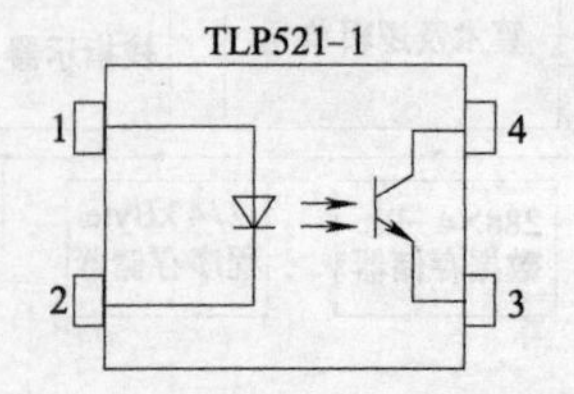

图 1-43　TLP521-1 封装及内部框图

（十四）TM1629A

脚号	引脚符号	引脚功能	备注
1	GRID4	位输出,N管开漏输出	TM1629A是一种带键盘扫描接口的内存映射型LED(发光二极管显示器)驱动控制专用电路,内部集成有MCU数字接口、数据锁存器、LED高压驱动及8级灰度调节电路、内部RC振荡、内置上电复位及低电压复位等电路。采用SOP32的封装形式,应用在安拉贝尔晶V88系列(贵妃款)即热式电热水器上,如图1-44所示
2	GRID3	位输出,N管开漏输出	
3	V_{SS}	地	
4	GRID2	位输出,N管开漏输出	
5	GRID1	位输出,N管开漏输出	
6	V_{SS}	地	
7	DIO	数据输入与输出	
8	CLK	时钟输入与输出	
9	STB	片选	
10	V_{DD}	电源	
11	SEG1/KS1	段输出,P管开漏输出	
12	SEG2/KS2	段输出,P管开漏输出	
13	SEG3/KS3	段输出,P管开漏输出	
14	SEG4/KS4	段输出,P管开漏输出	
15	SEG5/KS5	段输出,P管开漏输出	
16	SEG6/KS6	段输出,P管开漏输出	
17	SEG7/KS7	段输出,P管开漏输出	
18	SEG8/KS8	段输出,P管开漏输出	
19	SEG9	段输出,P管开漏输出	
20	SEG10	段输出,P管开漏输出	
21	SEG11	段输出,P管开漏输出	
22	SEG12	段输出,P管开漏输出	
23	SEG13	段输出,P管开漏输出	
24	SEG14	段输出,P管开漏输出	
25	SEG15	段输出,P管开漏输出	
26	SEG16	段输出,P管开漏输出	
27	V_{DD}	电源	
28	GRID8	位输出,N管开漏输出	
29	GRID7	位输出,N管开漏输出	
30	V_{SS}	地	
31	GRID6	位输出,N管开漏输出	
32	GRID5	位输出,N管开漏输出	

图 1-44　TM1629A 应用实物图

（十五）W77E58

脚号	引脚符号	引脚功能	备注
1	T2/P1.0	端口 1 输入与输出/计时器、计数器 2 扩展输入与输出口	8 位微处理器，采用 40 脚 DIP 封装，应用在太阳能热水器上，图 1-45 所示为表中所列 DIP 封装及引脚功能图。该芯片采用 PLCC 和 QFP 两种封装如图 1-46 所示
2	T2EX/P1.1	端口 1 输入与输出/计时器、计数器 2 复位与触发脚	
3	RXD1/P1.2	端口 1 输入与输出/接收信号	
4	TXD1/P1.3	端口 1 输入与输出/发送信号	
5	INT2/P1.4	端口 1 输入与输出/扩展中断	
6	$\overline{\text{INT3}}$/P1.5	端口 1 输入与输出/扩展中断	
7	INT4/P1.6	端口 1 输入与输出/扩展中断	
8	$\overline{\text{INT5}}$/P1.7	端口 1 输入与输出/扩展中断	
9	RST	复位	
10	RXD/P3.0	端口 3 双向输入与输出/接收信号	
11	TXD/P3.1	端口 3 双向输入与输出/发送信号	
12	$\overline{\text{INT0}}$/P3.2	端口 3 双向输入与输出/外部中断 0	

续表

脚号	引脚符号	引脚功能	备注
13	$\overline{\text{INT1}}$/P3.3	端口3双向输入与输出/外部中断1	8位微处理器，采用40脚DIP封装，应用在太阳能热水器上，图1-45所示为表中所列DIP封装及引脚功能图。该芯片采用PLCC和QFP两种封装如图1-46所示
14	T0/P3.4	端口3双向输入与输出/定时器0外部输入	
15	T1/P3.5	端口3双向输入与输出/定时器1外部输入	
16	$\overline{\text{WR}}$/P3.6	端口3双向输入与输出/外部数据存储写选通	
17	$\overline{\text{RD}}$/P3.7	端口3双向输入与输出/外部数据存储读选通	
18	XTAL2	系统晶振输出	
19	XTAL1	系统晶振输入	
20	V_{SS}	地	
21	P2.0/A8	端口2双向输入与输出/地址信号	
22	P2.1/A9	端口2双向输入与输出/地址信号	
23	P2.2/A10	端口2双向输入与输出/地址信号	
24	P2.3/A11	端口2双向输入与输出/地址信号	
25	P2.4/A12	端口2双向输入与输出/地址信号	
26	P2.5/A13	端口2双向输入与输出/地址信号	
27	P2.6/A14	端口2双向输入与输出/地址信号	
28	P2.7/A15	端口2双向输入与输出/地址信号	
29	$\overline{\text{PSEN}}$	程序存储使能	
30	ALE	地址锁存使能	
31	$\overline{\text{EA}}$	外部访问使能	

续表

脚号	引脚符号	引脚功能	备注
32	AD7/P0.7	端口0双向输入与输出/模数转换	8位微处理器，采用40脚DIP封装，应用在太阳能热水器上，图1-45所示为表中所列DIP封装及引脚功能图。该芯片采用PLCC和QFP两种封装如图1-46所示
33	AD6/P0.6	端口0双向输入与输出/模数转换	
34	AD5/P0.5	端口0双向输入与输出/模数转换	
35	AD4/P.04	端口0双向输入与输出/模数转换	
36	AD3/P0.3	端口0双向输入与输出/模数转换	
37	AD2/P0.2	端口0双向输入与输出/模数转换	
38	AD1/P0.1	端口0双向输入与输出/模数转换	
39	AD0/P0.0	端口0双向输入与输出/模数转换	
40	V_{DD}	电源	

T2/P1.0 1 — 40 V_{DD}
T2EX/P1.1 2 — 39 P0.0/AD0
RXD1/P1.2 3 — 38 P0.1/AD1
TXD1/P1.3 4 — 37 P0.2/AD2
$\overline{INT2}$/P1.4 5 — 36 P0.3/AD3
$\overline{INT3}$/P1.5 6 — 35 P0.4/AD4
$\overline{INT4}$/P1.6 7 — 34 P0.5/AD5
$\overline{INT5}$/P1.7 8 — 33 P0.6/AD6
RST 9 — 32 P0.7/AD7
RXD/P3.0 10 — 31 $\overline{EA}$
TXD/P3.1 11 — 30 ALE
$\overline{INT0}$/P3.2 12 — 29 $\overline{PSEN}$
$\overline{INT1}$/P3.3 13 — 28 P2.7/A15
T0/P3.4 14 — 27 P2.6/A14
T1/P3.5 15 — 26 P2.5/A13
$\overline{WR}$/P3.6 16 — 25 P2.4/A12
$\overline{RD}$/P3.7 17 — 24 P2.3/A11
XTAL2 18 — 23 P2.2/A10
XTAL1 19 — 22 P2.1/A9
V_{SS} 20 — 21 P2.0/A8

图1-45　W77E58DIP封装及引脚功能图

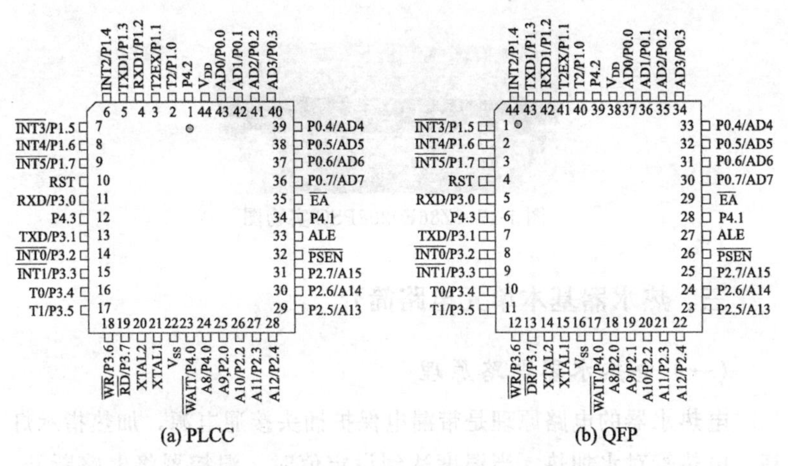

图 1-46　W77E58 PLCC 和 QFP 两种封装

（十六）Z86E0208PSC

脚号	引脚符号	引脚功能	备注
1	P24	LED 显示信号输出	该集成电路为超人 60A 型储水式电热水器控制电路上的主控芯片，其实物图如图 1-47 所示
2	P25	LED 显示信号输出	
3	P26	LED 显示信号输出	
4	P27	蜂鸣器驱动信号输出	
5	V_{CC}	电源(5V)	
6	XTAL2	时钟晶振	
7	XTAL1	时钟晶振	
8	P31	温度检测信号输入	
9	P32	经电阻 R6 到地	
10	P33	外接退耦电容	
11	P00	LED 电源通、断控制	
12	P01	LED 供电通、断控制	
13	P02	温度显示基数调节	
14	GND	接地	
15	P20	LED 显示信号输出	
16	P21	LED 显示信号输出	
17	P22	LED 显示信号输出	
18	P23	LED 显示信号输出	

图 1-47 Z86E0208PSC 实物图

三、热水器基本单元电路简介

（一）电热水器电路原理

电热水器的电路原理是带漏电保护插头接通电源，加热指示灯亮，电热管对水加热，当温度达到设定值时，温控器将电路断开，电热管对水停止加热，此时处于保温状态；当内胆的水温度下降时，电热管再次对水加热，如此循环，完成电热水器加热过程，相关电气原理与接线如图 1-48、图 1-49 所示。

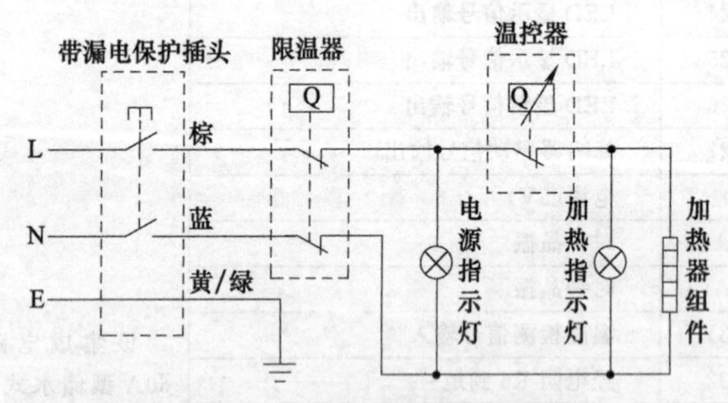

图 1-48 电热水器相关电气原理

下面以万和 DSZF38-B 型电热水器为例，介绍其具体相关电路。

万和 DSZF38-B 型电热水器主要由主控电路、超温保护电路及漏电保护电路组成。

1. 主控电路

闭合 K-1 手柄开关，电源指示灯 LED3 亮，温控器 ST1 常闭触点得电后使 EH 加热，加热指示灯 LED1 亮。当水温达到温控器 ST1 的设定温度时，它将自动断电使加热管 EH 停止加热，此时进入保温状态，加热指示灯 LED1 灭，保温指示灯 LED2 亮。当水温下降时，温控器 ST1 自动闭合使 EH 得电又开始加热，如此循环，使电热水器有源源不断的热水流出。相关电路如图 1-50 所示。

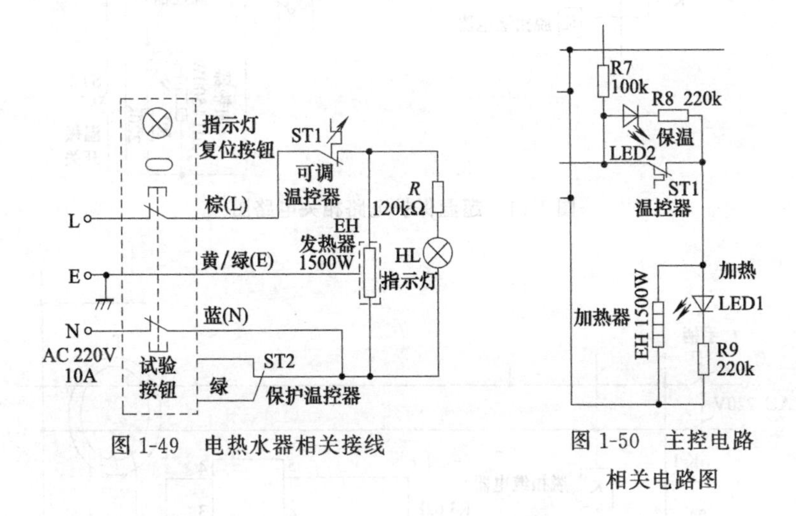

图 1-49 电热水器相关接线

图 1-50 主控电路相关电路图

2. 超温保护电路

当温控器 ST1 不能自动断开时，加热管 EH 将不断地加热，当温度达到 96℃时，温敏开关 ST2 的常闭触点将会自动断开，双向晶闸管 VS2 经 R7 触发导通，此时漏电试验开关 S1 将闭合，脱扣继电器吸合，K-1 自动断电。相关电路如图 1-51 所示。

3. 漏电保护电路

（1）漏电保护电路主要由漏电保护芯片 IC（RV4145AN）、整流二极管 VD1～VD4、限流电阻 R3、滤波电容 C4 等组成。在工作时，手柄 K-1 合上，电源指示灯 LED3 亮，220V 市电首先经脱扣继电器 K，再由 VD1～VD4 整流、滤波电容 C4 滤波，然后为 IC（RV4145AN）的第④、⑥脚供电。相关电路如图 1-52 所示。

（2）当热水器出现漏电时，二次线圈将产生感应电压，经过

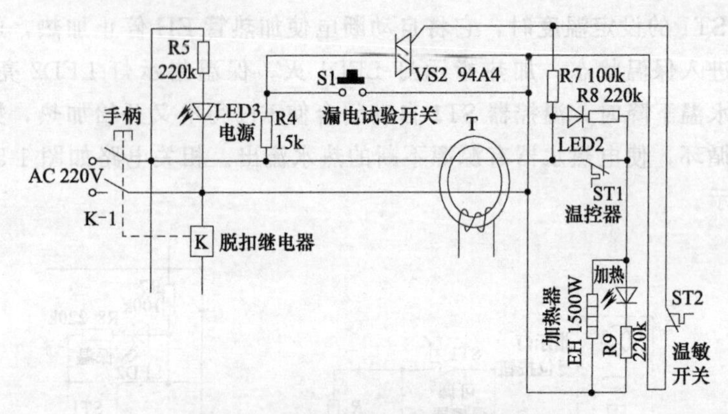

图 1-51 超温保护电路相关电路图

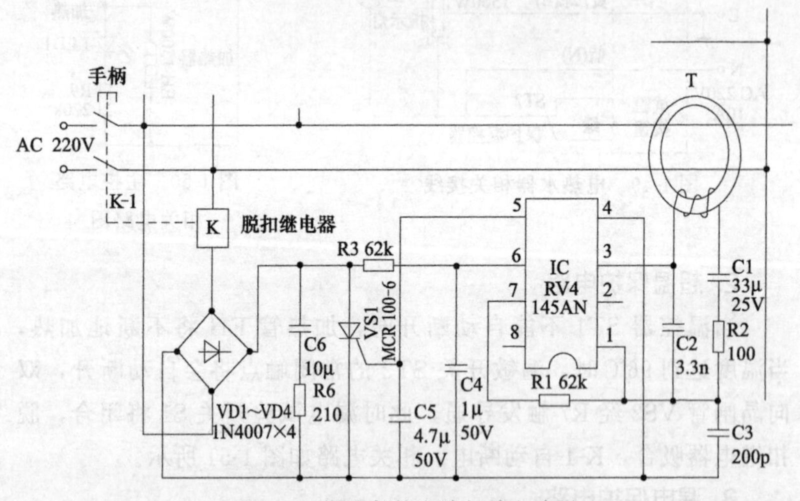

图 1-52 漏电保护电路相关电路图

C1、R2 加到 IC（RV4145AN）的第①、③脚，在 IC（RV4145AN）内部放大比较后，由第⑤脚将输出高电平触发单向晶闸管 VS1 导通，脱扣继电器电流增大使脱扣开关吸合，此时 K-1 将切断电源。

（3）漏电保护电路中 C2、C3、C5 为抗干扰消噪电容，C6 与 R6 保护 VS1，当漏电试验开关 S1 按动时，保护器将立即切断电路，可试验漏电保护器是工作是否正常。当排除漏电故障后，恢复加热须手动闭合手柄开关 K-1。

(4) 漏电保护电路相关实物如图 1-53 所示。

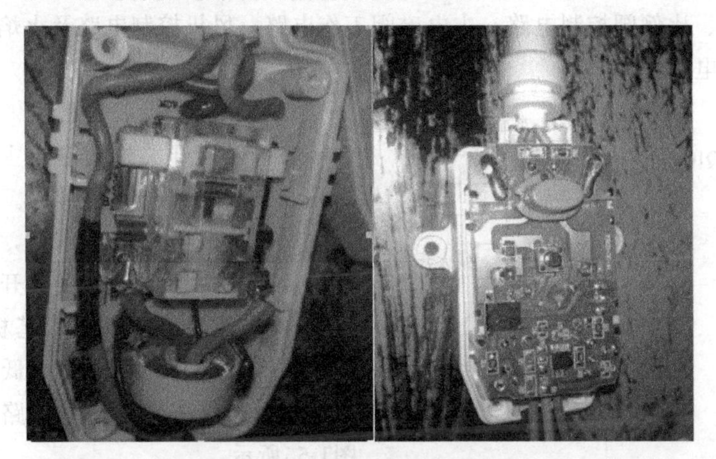

图 1-53 漏电保护电路相关实物照片

(二) 燃气热水器电路原理

燃气热水器的水气联动阀门在流动水的一定压力下推动，同时电源在微动开关的推动下接通，燃气阀门打开，点火针点火，燃气热水器开始工作，相关电气原理如图 1-54 所示。

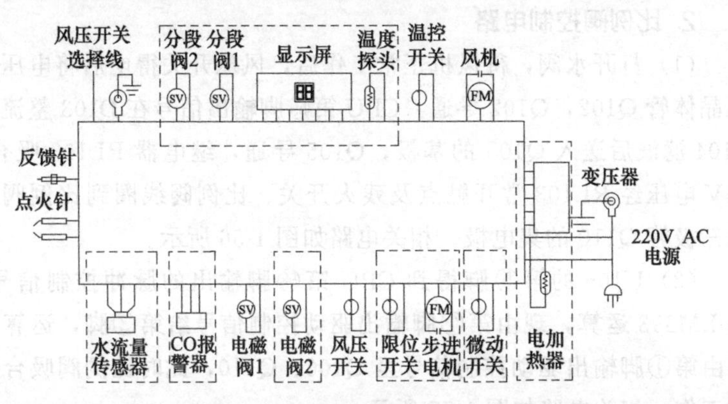

图 1-54 燃气热水器相关电气原理

下面以万家乐 JSYDQ10 型燃气热水器为例介绍其具体相关电路。

万家乐 JSYDQ10 型燃气热水器电路主要包括残火开关检测电路、比例阀控制电路、主电磁阀工作电路、风机控制电路及火焰检测电路。

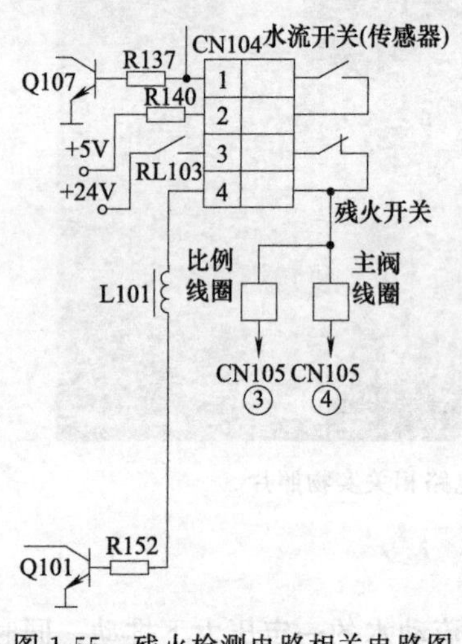

图 1-55　残火检测电路相关电路图

1. 残火开关检测电路

（1）残火开关检测电路主要由残火开关、Q101 等组成。打开水阀，待风机正常工作后，继电器 RL103 常开触点和残火开关得 24V 电压后送给 Q101 基极，Q101 导通，CPU 第55脚为低电平，此时工作正常。相关电路如图1-55所示。

（2）当加热水温过高时，残火开关将断开，此时 Q101 基极无输入处于截止状态，CPU 第55脚为高电平输入，系统将停机并显示故障代码“E3”。

2. 比例阀控制电路

（1）打开水阀，待风机正常工作后，风压开关得电后将电压送入晶体管 Q102，Q102 导通。CPU 第59脚输出信号在 D103 整流与 E104 滤波后送入 Q105 的基极，Q105 导通，继电器 RL103 吸合。24V 电压经 RL103 常开触点及残火开关、比例阀线圈到比例阀控制三极管 Q110 的集电极。相关电路如图 1-56 所示。

（2）U105 的第⑤脚得到 CPU 第58脚输出的脉冲控制信号，经 LM393 运算，现由第⑦脚输出驱动控制信号给第③脚，运算后再由第①脚输出驱动控制信号至 Q106、Q110，此时比例阀吸合正常工作。相关电路如图 1-57 所示。

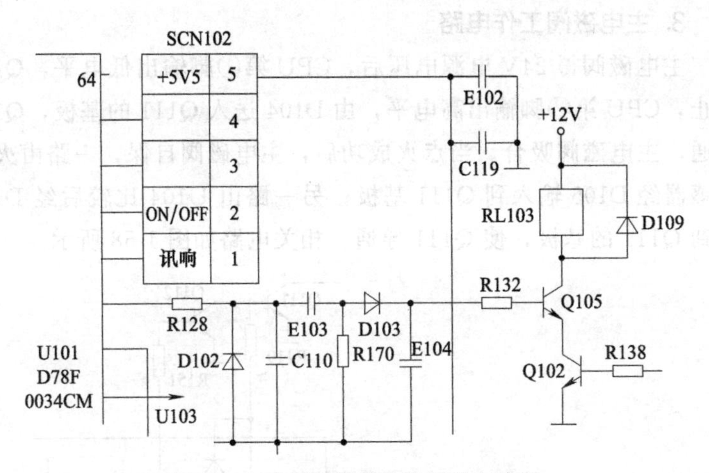

图 1-56 比例阀启动电路相关电路图

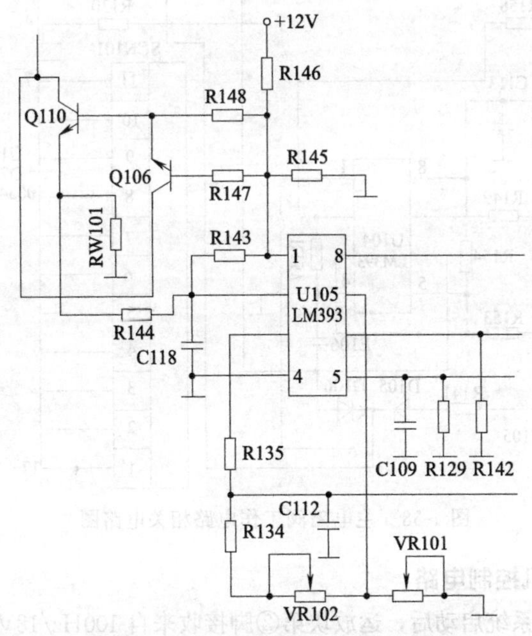

图 1-57 比例阀控制电路相关电路图

3. 主电磁阀工作电路

主电磁阀得 24V 电源电压后，CPU 第①脚输出低电平，Q112 截止，CPU 第②脚输出高电平，由 D104 送入 Q111 的基极，Q111 导通，主电磁阀吸合。当点火成功后，主电磁阀自保，一路由火焰传感器经 D105 输入到 Q111 基极；另一路由 U104 比较后经 D106 送到 Q111 的基极，使 Q111 导通。相关电路如图 1-58 所示。

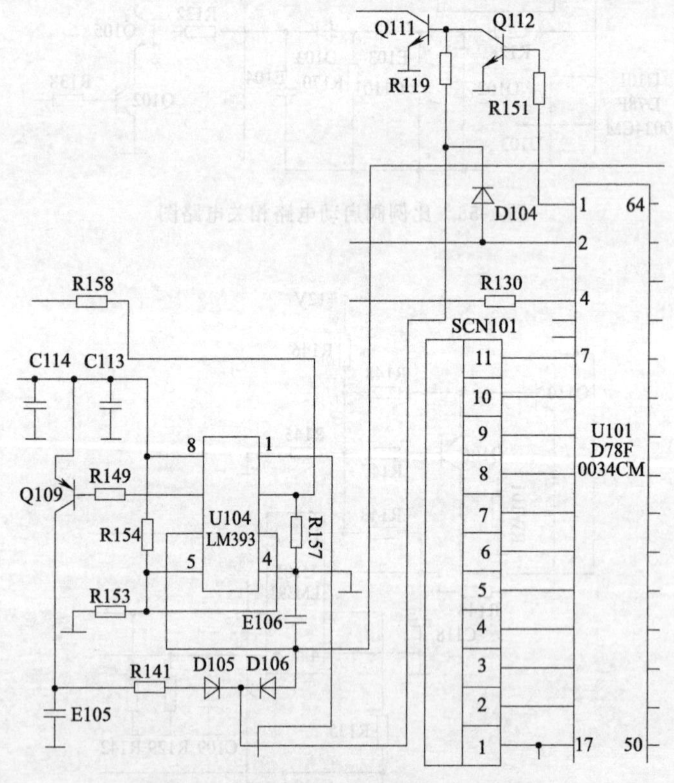

图 1-58　主电磁阀工作电路相关电路图

4. 风机控制电路

（1）当系统启动后，运放块第②脚接收来自 100Hz/18V 脉冲电压与第③脚比较后，从第①脚输出 100Hz/5V 控制电压给 CPU 第52脚，使第㊺脚输出控制信号给光耦第②脚并使第④、⑥脚导通。CPU 第④脚输出高电平使 Q103 导通，继电器 RL101 吸合。相关电路如图1-59所示。

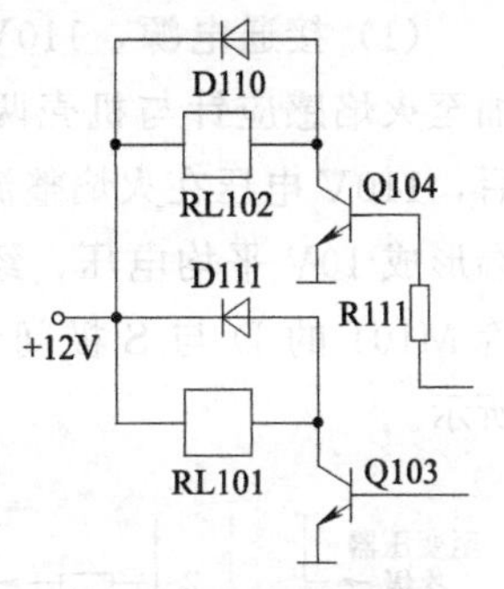

图 1-59 风机控制相关电路图（一）

(2) 晶闸管得 220V 电压后送给风机，风压开关在风机正常工作后闭合，晶体管 Q108 导通，CPU 第㊸脚输入低电平使系统工作。另外，在风机启动运行时，CPU 第⑨脚接收到传感器输出的控制信号后控制风机转速与比例阀同步控制使水温达到设定值。相关电路如图1-60所示。

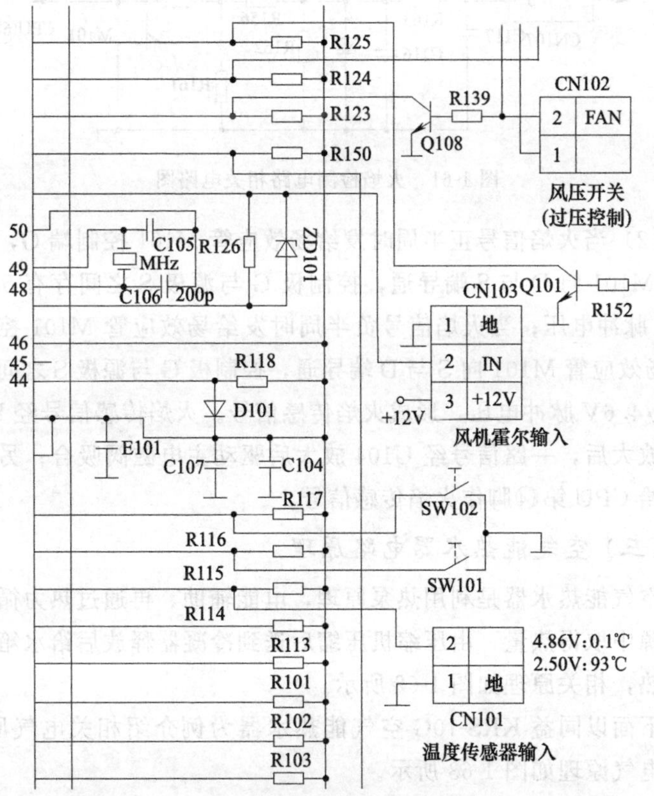

图 1-60 风机控制相关电路图（二）

5. 火焰检测电路

（1）接通电源，110V 电压由电源变压器输出经 R164、R155 加至火焰感应针与机壳两端。当水阀打开、自检正常及点火成功后，110V 电压在火焰整流及 C116、C117 滤波后，再在 ZD102 两端形成 10V 平均电压，经 R156 限流、R161 分压，最终在场效应管 M101 的 D 与 S 极间形成 3V 工作电压。相关电路如图 1-61 所示。

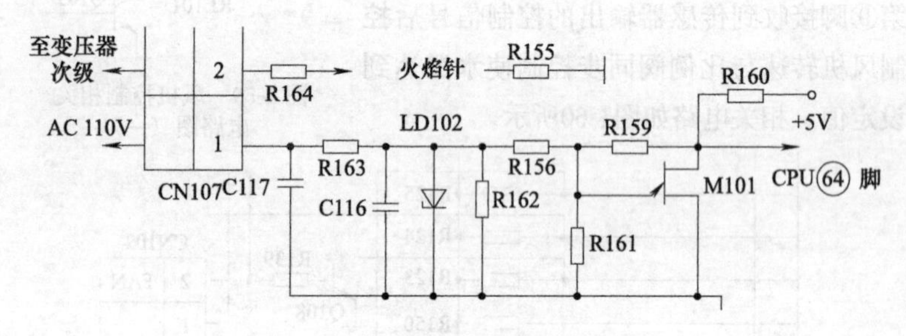

图 1-61　火焰检测电路相关电路图

（2）当火焰信号正半周时发给场效应管 M101 控制端 G，场效应管 M101 向 D 与 S 端导通，控制极 G 与源极 S 之间存有 50Hz/3.3V 脉冲电压；当火焰信号负半周时发给场效应管 M101 控制端 G，场效应管 M101 向 S 与 D 端导通，控制极 G 与源极 S 之间存有 50Hz/4.6V 脉冲电压，形成火焰传感信号。火焰传感信号经 M101 脉冲放大后，一路信号经 U104 放大后驱动主电磁阀吸合；另一路信号给 CPU 第⑭脚作火焰传感信号。

（三）空气能热水器电路原理

空气能热水器是利用热泵原理，电能辅助，再通过热力循环从空气源中取得热量，由压缩机压缩后送到冷凝器释放后给水箱内的水加热，相关原理如图 1-62 所示。

下面以同益 KRS-10G 空气能热水器为例介绍相关电气原理，相关电气原理如图 1-63 所示。

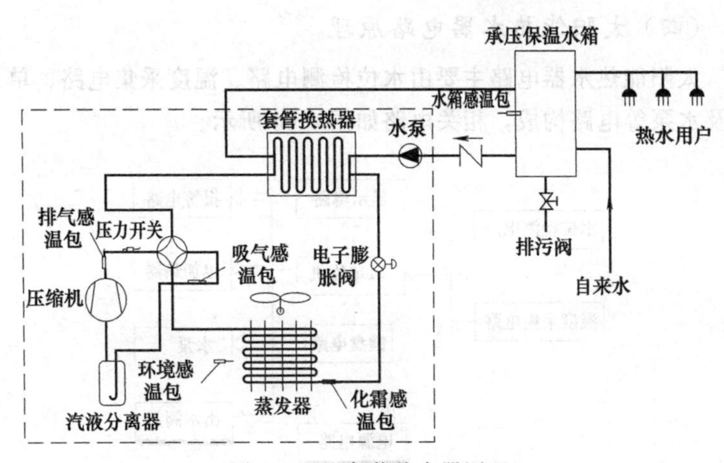

图 1-62　空气能热水器原理

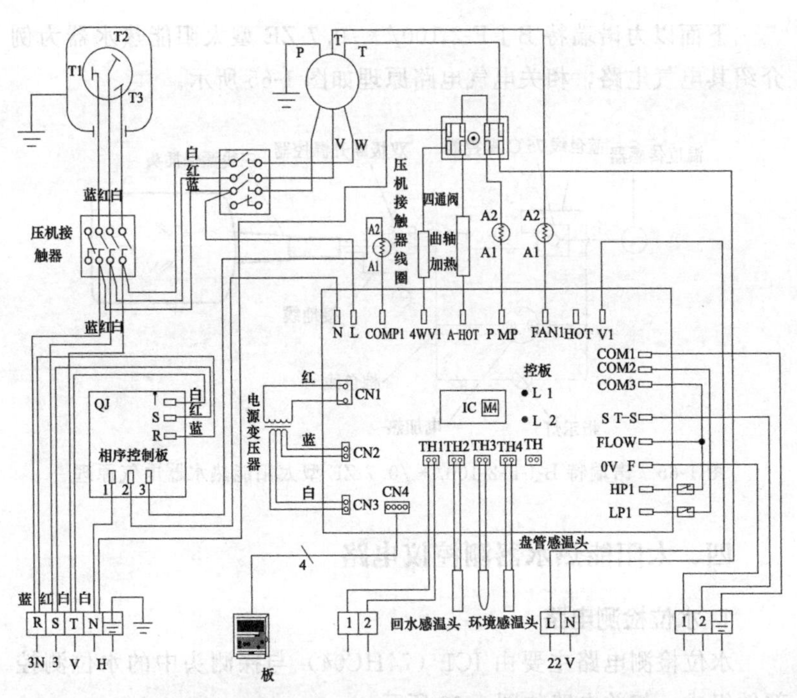

图 1-63　同益 KRS-10G 空气能热水器相关电气原理

（四）太阳能热水器电路原理

太阳能热水器电路主要由水位检测电路、温度采集电路、单片机及水泵等电路构成，相关电路如图 1-64 所示。

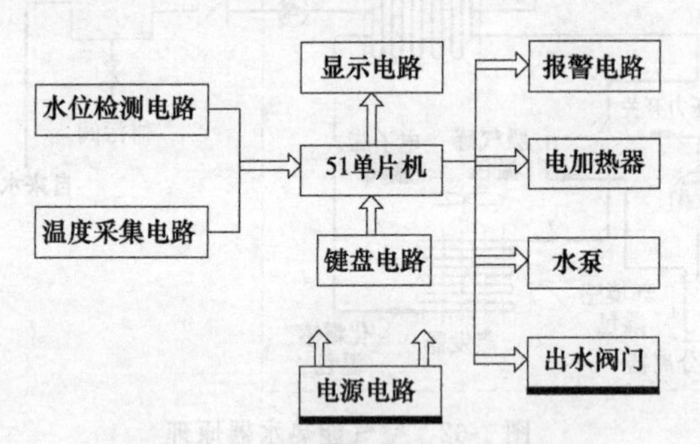

图 1-64　太阳能热水器相关电路

下面以力诺瑞特 B-J-F-2-100/＊/0.7-ZE 型太阳能热水器为例介绍其电气电路，相关电气电路原理如图 1-65 所示。

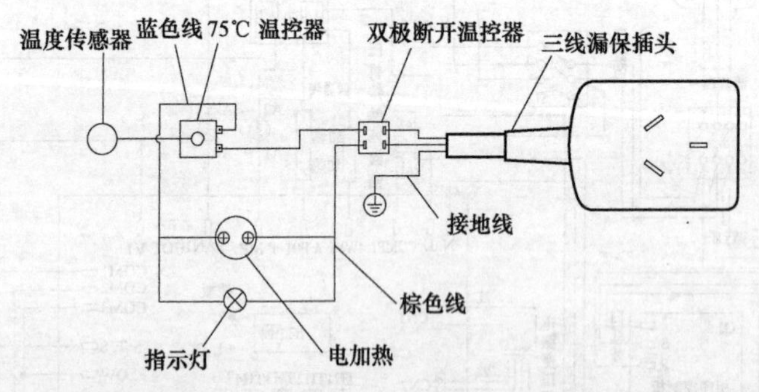

图 1-65　诺瑞特 B-J-F-2-100/＊/0.7-ZE 型太阳能热水器电气原理

四、太阳能热水器测控仪电路

1. 水位检测电路

水位检测电路主要由 IC1（74HC04）与探测头中的水位测控部件组成，相关电路如图 1-66 所示。

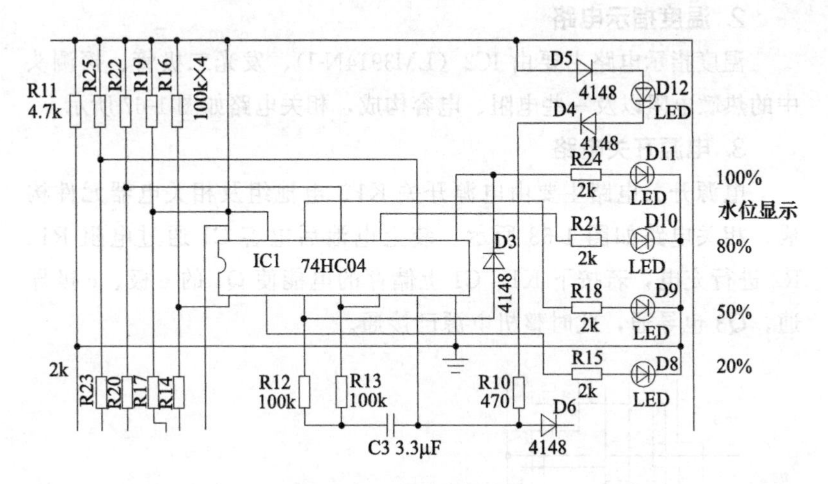

图 1-66 水位检测电路

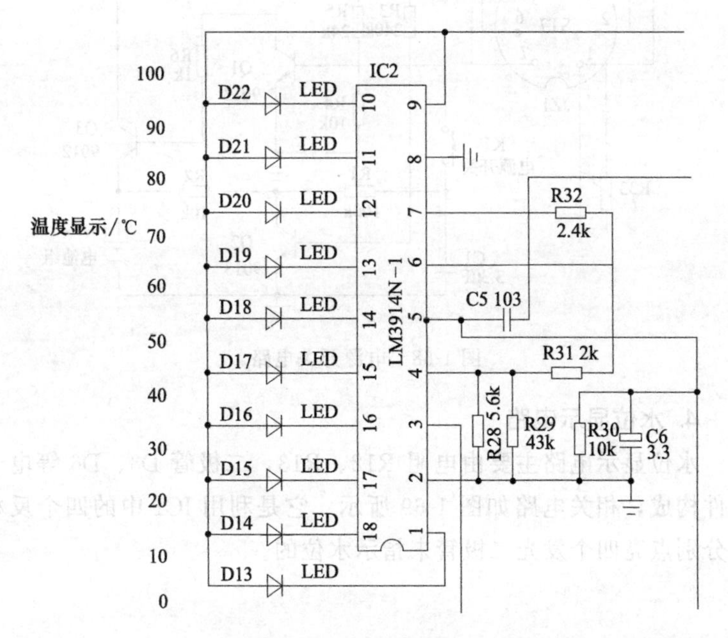

图 1-67 温度显示电路

2. 温度指示电路

温度指示电路主要由 IC2（LM3914N-I）、发光二极管、探测头中的热敏电阻以及一些电阻、电容构成，相关电路如图 1-67 所示。

3. 电源开关电路

电源开关电路主要由电源开关 K1、电池组及相关电器元件构成，相关电路如图 1-68 所示。装上电池后电容 C1 通过电阻 R1、R2 进行充电，若按下 K1、C1 上储存的电能使 Q1 的 e 极、c 极导通，Q3 也导通，此时整机电源已接通。

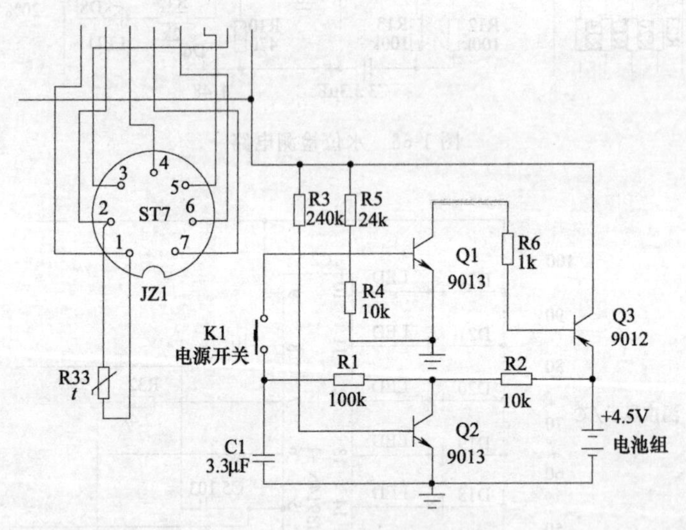

图 1-68 电源开关电路

4. 水位显示电路

水位显示电路主要由电阻 R12、R13，二极管 D3、D6 等电子元件构成，相关电路如图 1-69 所示。它是利用 IC1 中的四个反相器分别点亮四个发光二极管来指示水位的。

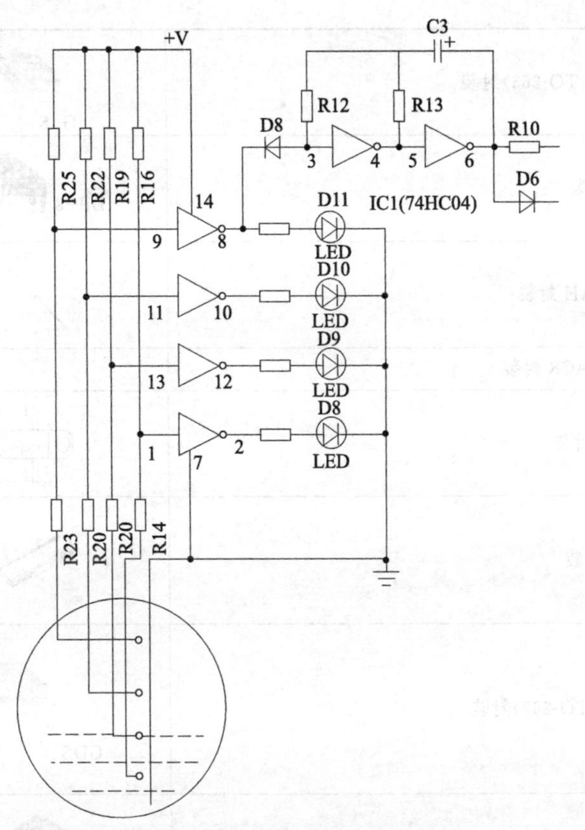

图 1-69　水位显示电路相关电路图

课堂四 实物识图

一、常用元器件及封装

CMPAK-4(SMD)封装	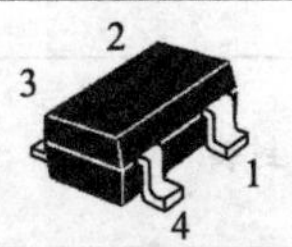

续表

D^2-PAK(TO-263)封装	D G S
DIP-8 封装	DIP-8 1
DO-204AH 封装	
FLAT PACK 封装	
FO-229 封装	1 3 2
HSOP 封装	
I^2-PAK(TO-262)封装	GDS
LQFP 封装	
SC70-6 封装	B2 E2 C1 C2 B1 E1
SO-8 封装	SO-8 1

续表

SOD-123 封装	1 2
SOT-23 封装	
SOT666 封装	6 5 4 1 2 3
SUPER SOT-6 封装	C1 E1 C2 B1 E2 B2
TO-220 封装	1 2 3
TO-225AA 封装	
TO-247AC 封装	TO-247AC
TO-92 封装	

二、常用电脑板实物简介

（一）阿里斯顿电热水器

阿里斯顿电热水器的万能电脑板如图 1-70 所示。

图 1-70　阿里斯顿电热水器万能电脑板

以阿里斯顿 BF120VE3SE 型热水器为例，其相关接线如图 1-71所示。

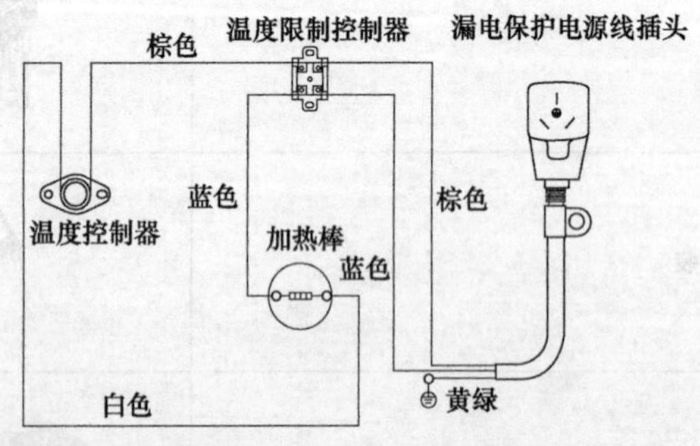

图 1-71　阿里斯顿 BF120VE3SE 型热水器相关接线

（二）海尔/万和/史密斯/万家乐电热水器

海尔/万和/史密斯/万家乐电热水器的万能电脑板如图 1-72 所示。

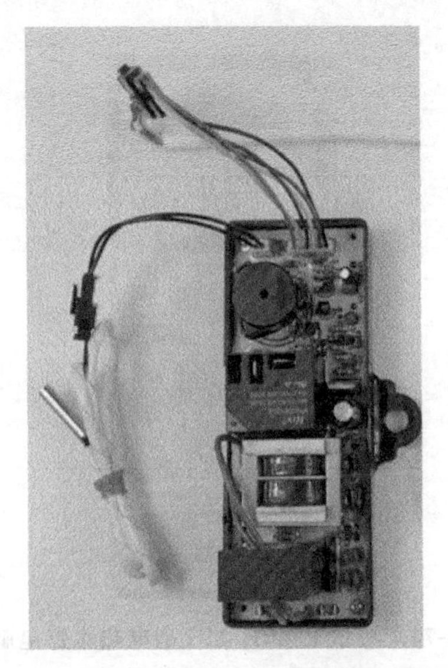

图 1-72 海尔/万和/史密斯/万家乐电热水器万能电脑板

以海尔电热水器 FCD-HX 80EI 为例，其相关接线如图 1-73 所示。

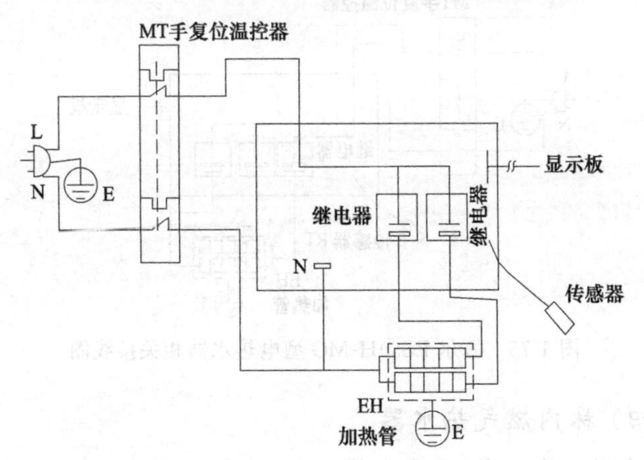

图 1-73 海尔电热水器 FCD-HX 80EI 接线图

（三）海尔 ES50H-MG 型电热水器

海尔 ES50H-MG 型电热水器的电脑板如图 1-74 所示。

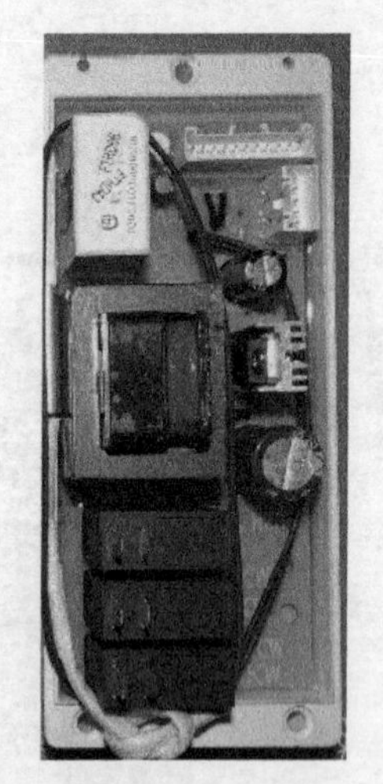

图 1-74　海尔 ES50H-MG 型电热水器电脑板

此热水器的相关接线如图 1-75 所示。

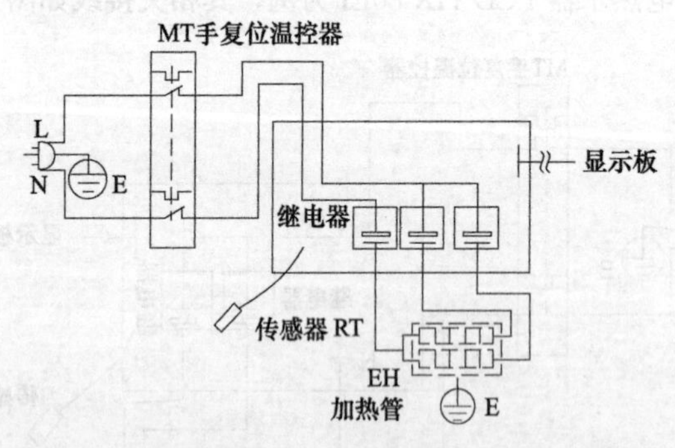

图 1-75　海尔 ES50H-MG 型电热水器相关接线图

（四）林内燃气热水器

林内燃气热水器电脑板如图 1-76 所示。

（五）美的 F40-30G1 型电热水器

美的 F40-30G1 型电热水器电脑板如图 1-77 所示。

图 1-76　林内燃气热水器通用电脑板

图 1-77　美的 F40-30G1 型电热水器电脑板

该热水器相关接线如图 1-78 所示。

（六）美的电热水器

美的电热水器通用电脑板如图 1-79 所示。

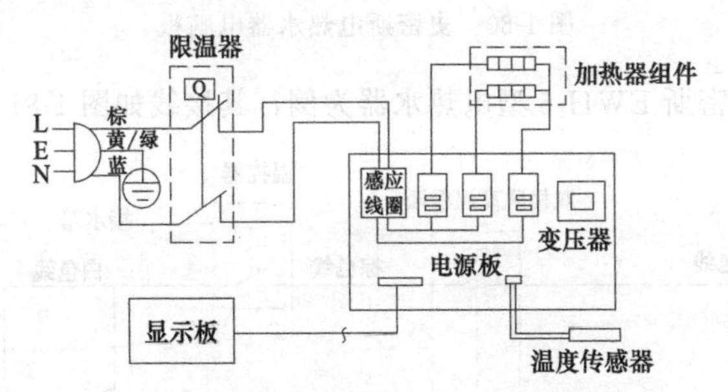

图 1-78　美的电热水器 F40-30G1 相关接线图

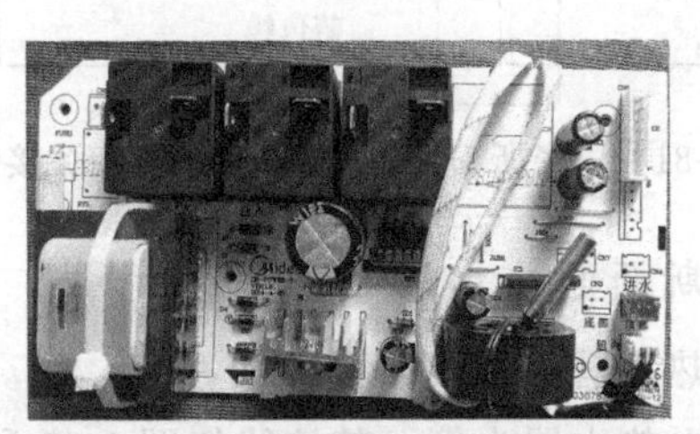

图 1-79　美的电热水器通用电脑板

（七）史密斯电热水器

史密斯电热水器电脑板如图 1-80 所示。

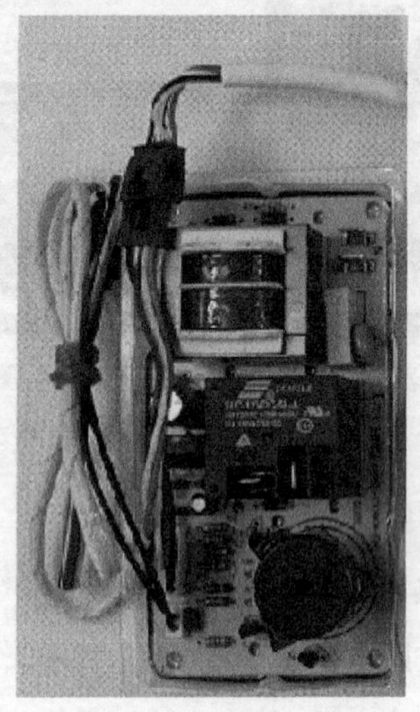

图 1-80　史密斯电热水器电脑板

以史密斯 EWH-6 型电热水器为例，其接线如图 1-81 所示。

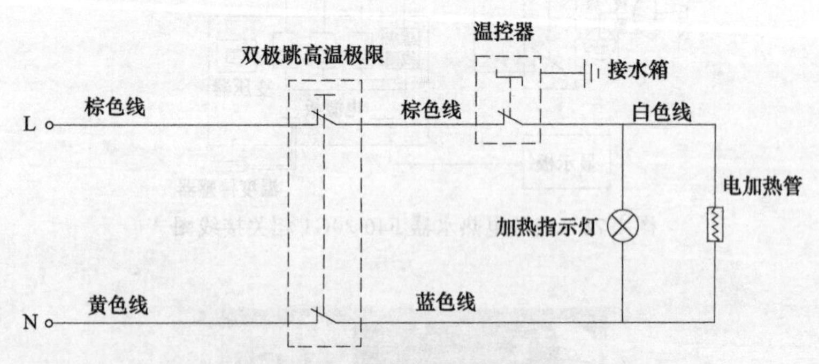

图 1-81　史密斯 EWH-6 型电热水器相关接线图

（八）阿里斯顿电热水器

阿里斯顿电热水器电脑板如图 1-82 所示。

以阿里斯顿电热水器为例，其接线如图 1-83 所示。

图 1-82 阿里斯顿电热水器电脑板

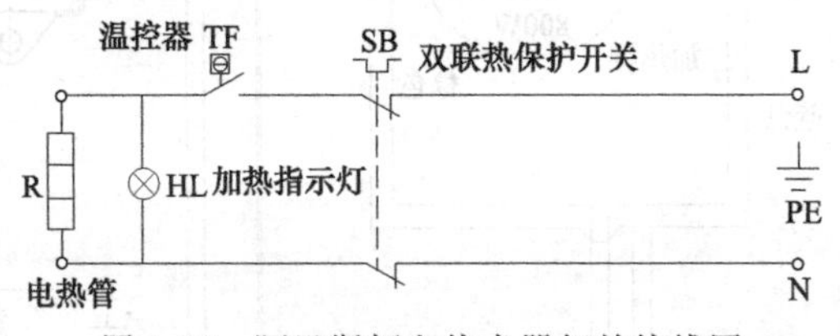

图 1-83 阿里斯顿电热水器相关接线图

(九) 希贵/西门子/万和电热水器

希贵/西门子/万和电热水器电脑板如图 1-84 所示。

图 1-84 希贵/西门子/万和电热水器电脑板

以西门子电热水器为例，其相关接线如图 1-85 所示。

(十) 樱花燃气热水器

樱花燃气热水器通用电脑板如图 1-86 所示。

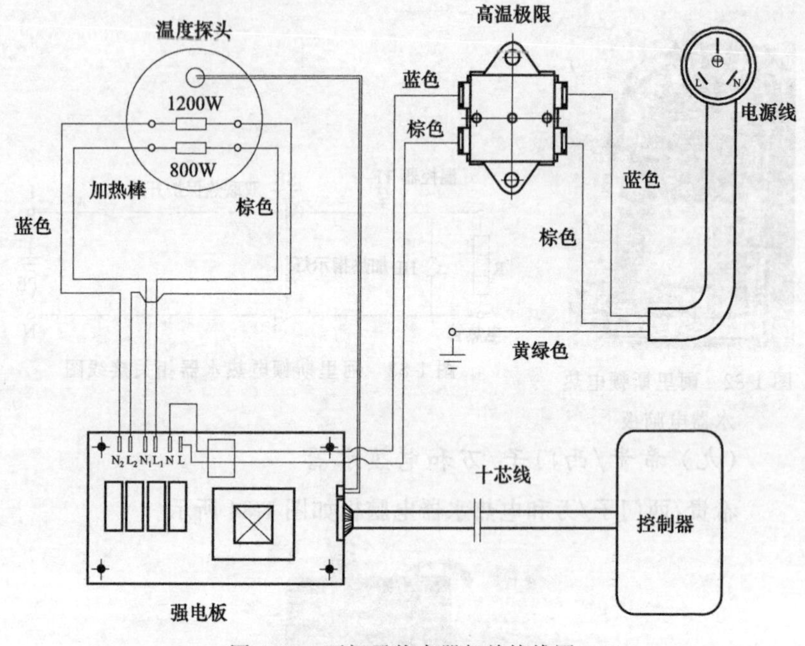

图 1-85　西门子热水器相关接线图

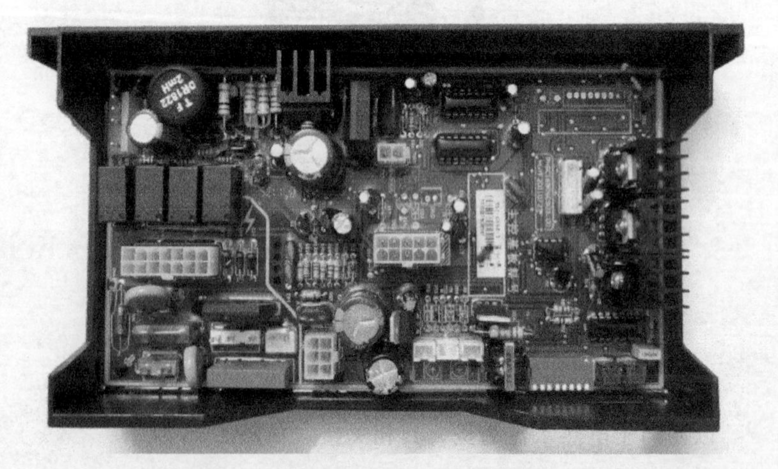

图 1-86　樱花燃气热水器通用电脑板

Chapter 02

第二讲 维修职业化课前准备

课堂一 场地选用

一、维修工作台的选用及注意事项

维修工作台如图 2-1 所示。在选用时需注意以下事项。

(1) 应带防静电垫（图 2-2）。

图 2-1 维修工作台

图 2-2 防静电垫

(2) 应带灯架、放大镜和电焊台（图 2-3）。

(3) 承受能力够强。

(4) 有足够的空间存放工具及零配件。

(5) 可加装挂板、电器板、灯顶板、棚板等桌上部件。

图 2-3　灯架、放大镜和电焊台

二、维修场地的选用及注意事项

1. 燃气热水器

（1）维修时应避免燃气管道内余留燃气，须打开排风扇或保持房间通风良好。

（2）燃气热水器应安装在距外墙或外窗两米以内的墙体上。

（3）拆装时应把细小器件保管好以免丢失。

（4）热水器周围不能放置易燃、易挥发的物品，而且排气口和供气口位置处不能放置毛巾、抹布等物品。

（5）拆卸过的煤气接口，在安装使用时一定要经过检漏后再试机。

（6）拆下电磁阀和水气联动阀前，须取下电池或拔下电源插头并关闭煤气阀。

2. 电热水器

（1）维修时应切断电源，做好防静电措施，避免水源、火源。

（2）安装时不能在进水口和出水口同时安装阀门，不能私拉电线，并选用优质的开关插座。

（3）水箱上的出气孔严禁堵塞，应保持排气通畅。

（4）安装位置应坚固结实，具有足够的承重能力。

（5）电源插座应放置在不会产生触电危险的安全位置。

（6）电源电压应与热水器铭牌标示的参数相符合，接地需可靠。

3. 空气能热水器

（1）维修时必须确保电源为切断状态。

（2）拆卸零部件时应避免汽油、天那水、挥发油等化学物品，以免造成零件裂开、变形。

（3）机组周围应保持干燥及通风良好。

4. 太阳能热水器

（1）安装时应选择阳光充足的地方，并固定牢固。

（2）安装真空集热管时应先注满水，且安装真空管时严禁将内水箱的硅胶圈上翻。

（3）维修时须注意，若热水器长时间空晒，则不能突然注入冷水，以防真空管在高温下突然进冷水而破裂。上水时间可选在早晨或傍晚温度较低时。

（4）注意漏电危险，电源插头必须使用配套的专用漏电保护插头。维修时还应注意防静电。

课堂二 工具检测

一、热水器专用工具的选用

（一）热水器专用工具的选用

1. 万用表

万用表是用来测量交流、直流电压及电流的，也可测量电阻及电容等电器元件，它是一种多量程、多用途的电工仪表，主要由表头、测量电路和转换装置三部分组成，如图 2-4 所示。

2. 钳形电流表

钳形电流表是测量交流电流的专用仪表，又可称为钳表，如图 2-5 所示。在使用时应先估计被测电流的大小，再选择合适的量程。

图 2-4 万用表

图 2-5 钳形电流表

3. 卤素检漏仪

卤素检漏仪是检测泄漏的专用工具，也可称为卤素泄漏检测仪或卤素定性检漏仪，如图 2-6 所示。

4. 割管器

割管器由割轮、滚轮及转柄构成，它是切割紫铜管的专用工具，如图 2-7 所示。使用时将铜管夹在割轮和滚轮之间，转动手柄，再顺时针旋转割管器即可割断铜管。

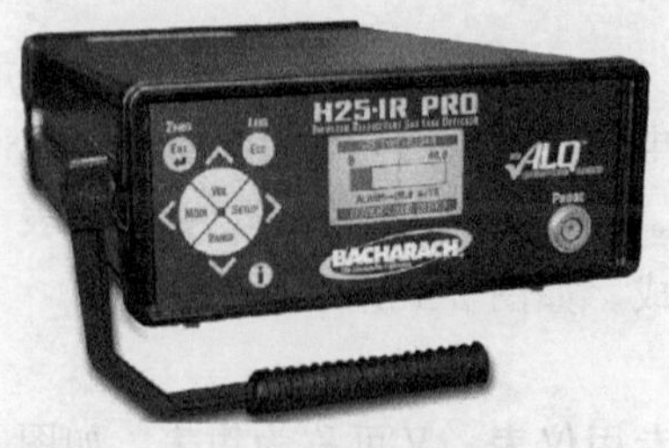

图 2-6 卤素检漏仪

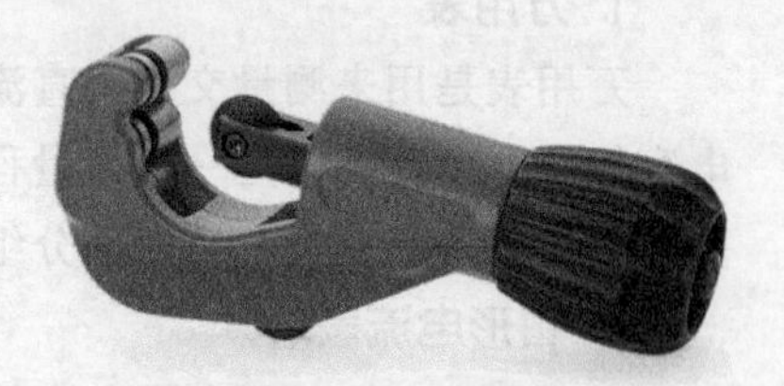

图 2-7 割管器

5. 封口钳

封口钳是封闭紫铜管管口的专用工具，如图 2-8 所示。使用时首先根据铜管的厚度而调节钳口和螺钉，再将封口的铜管夹入钳口内的中间位置，握住手柄后钳口将把铜管夹扁并锁住。

6. 扩管器

扩管器是铜管扩口的专用工具，如图 2-9 所示。它分为扩喇叭形口和扩圆柱形口两种。

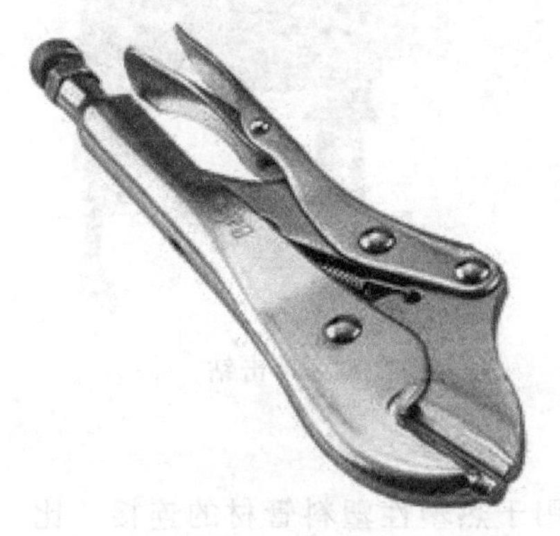
图 2-8 封口钳

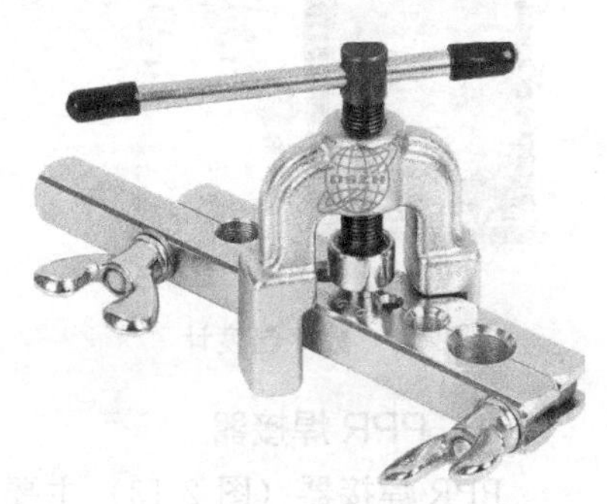
图 2-9 扩管器

7. 复式修理阀

复式修理阀是制冷系统充灌制冷剂和抽真空的专用工具，又可称为三通修理阀或雪种表，如图 2-10 所示。

8. 数字温度计

数字温度计是用来检测固体、液体及气体的温度仪表，如图 2-11 所示。

9. 冲击钻

冲击钻主要用来钻孔，如图 2-12所示。它可在墙壁、砖块、木

图 2-10 复式修理阀

板及混凝土地板和多层材料上进行冲击钻孔，也可在金属及木材或陶瓷及塑料上进行钻孔和攻牙。

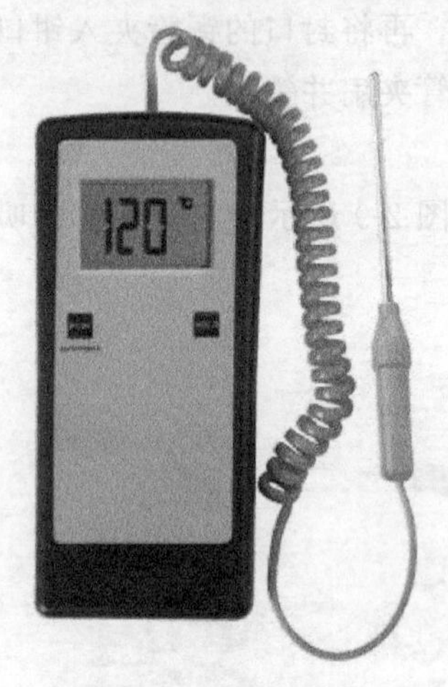

图 2-11 数字温度计

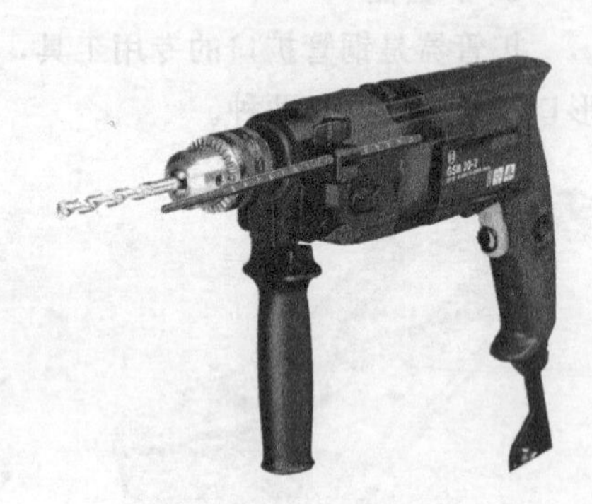

图 2-12 冲击钻

10. PPR 焊接器

PPR 焊接器（图 2-13）主要用于热塑性塑料管材的连接，比如 PP-R、PP-C 等，使用时首先将管材放入夹具里夹紧，管材铣平后再用加热板将其加热对接，待温度降下常温时即可卸除夹具。

11. 真空泵

真空泵是利用机械及物理化学的方法对被抽容器进行抽气而获得真空的器件，是一种气体传送机械，如图 2-14 所示。

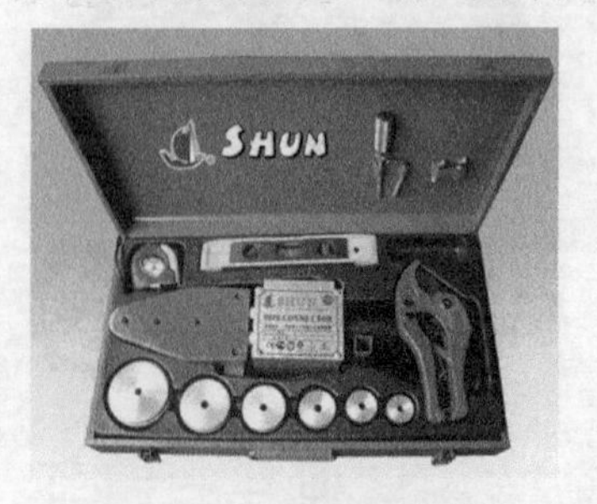

图 2-13 PPR 焊接器

图 2-14 真空泵

12. 弯管器

弯管器是一种对铜管进行弯曲的工具，主要由固定轮、固定杆及活动杆等构成，如图 2-15 所示。使用时首先将铜管放入固定轮与固定杆之间并紧固住铜管，再沿着顺时针方向转动活动杆即可。

13. 加长尖嘴钳

加长尖嘴钳主要用于太阳能热水器硅胶圈的更换以及一些狭小空间，它由钳柄、尖头及刀口构成，如图 2-16 所示。

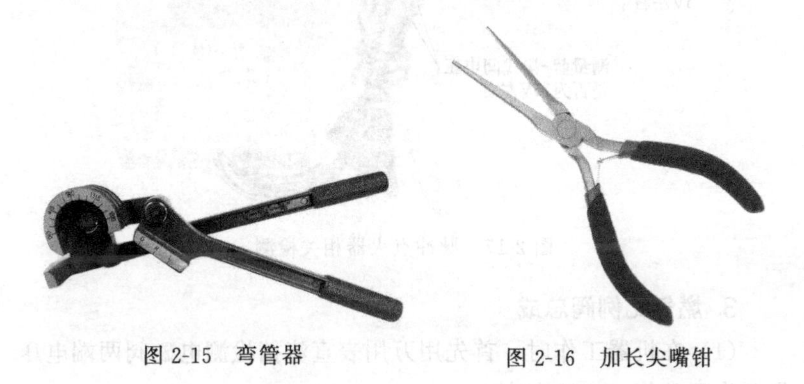

图 2-15 弯管器　　图 2-16 加长尖嘴钳

（二）热水器元器件检测训练

1. 直流电动机

（1）在机器工作时，首先用万用表直流挡检测 |（红-黑）线工作电压是否为正常值（24V 左右）。

（2）再检测（黄-黑）线电压是否为正常值（5～12V）。

（3）然后检测风机信号（白-黑）线电压是否为正常值（12V 左右）。

（4）若检测以上电压不正常，则是直流电动机或驱动板损坏。

2. 脉冲点火器

（1）在高压点火时，首先用万用表直流电压挡检测（红-黑）线电压是否为正常值（5V 左右）。

（2）再用万用表交流电压挡检测反馈信号输出（蓝-黑）线电

压是否为正常值（15V左右）。

（3）若检测以上电压不正常，则是脉冲点火器损坏，如图2-17所示。

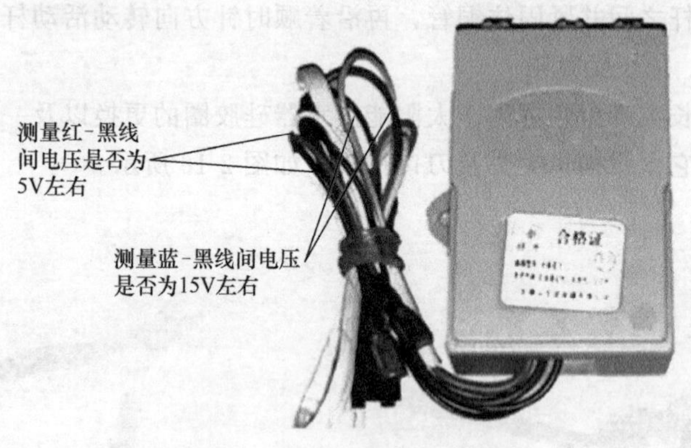

图2-17 脉冲点火器相关检测

3. 燃气比例阀总成

（1）在机器工作时，首先用万用表直流挡检测电磁阀两端电压是否为正常值（12V左右）。

（2）再检测比例阀线圈两端电压是否为正常值（10～24V）。

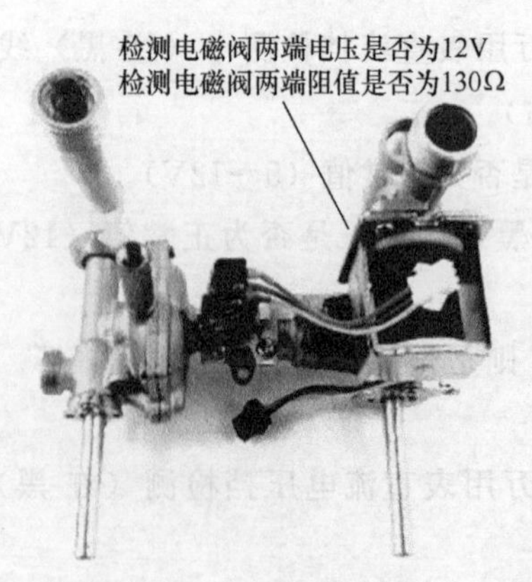

图2-18 电磁阀相关检测

（3）然后检测电磁阀的两端电阻值是否为正常值（130Ω），如图2-18所示。

（4）最后检测比例阀的两端电阻值是否为正常值（80Ω）。

（5）若检测以上电压值及电阻值不正常，则是燃气比例阀总成损坏。

4. LCD显示屏控制板总成

（1）首先用万用表检测连接排线1-2线的输出电压是否为正

常值（5V）。

（2）再按下开关键，检测LCD显示屏是否有反应。

（3）若显示屏按下后无反应，则是显示器损坏，如图2-19所示。

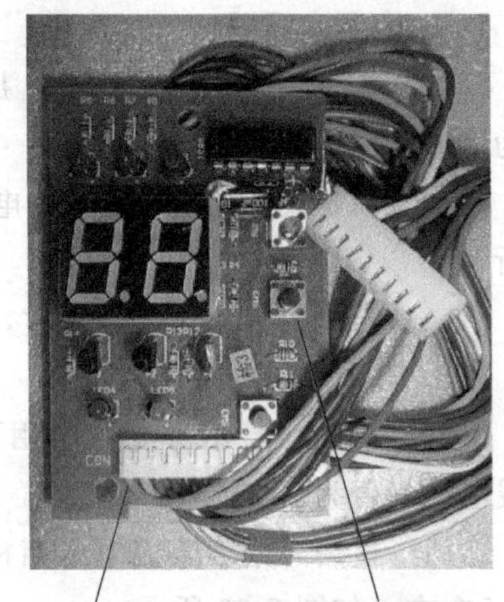

图2-19 显示屏相关检测

5. 水流量传感器总成

（1）首先在水流量大于3.5L/min流过流量传感器时用万用表检测红-黑线的工作电压是否为正常值（5V）。

（2）再检测白-黑线的输出电压是否为正常值（2.5～3V）。

（3）若检测以上电压不正常，则是水流量传感器损坏或磁轮不转动，如图2-20所示。

6. 控制器总成

（1）首先在显示屏亮屏时用万用表直流电压挡检测与电源盒连接的排线红-黑线是否为5V，如图2-21所示。

（2）若检测电压不正常，则是控制器损坏。

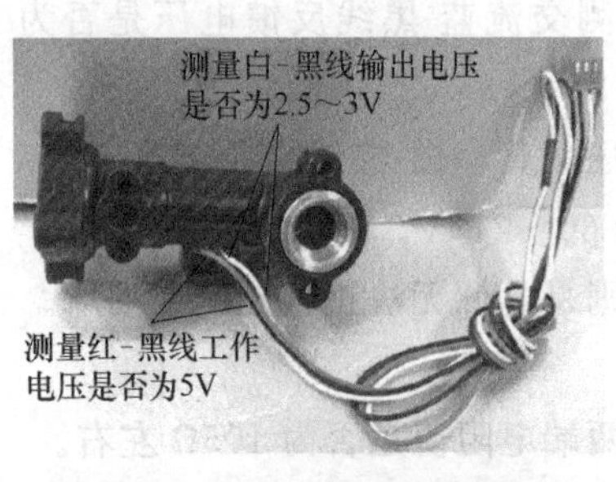

图2-20 水流量传感器相关检测

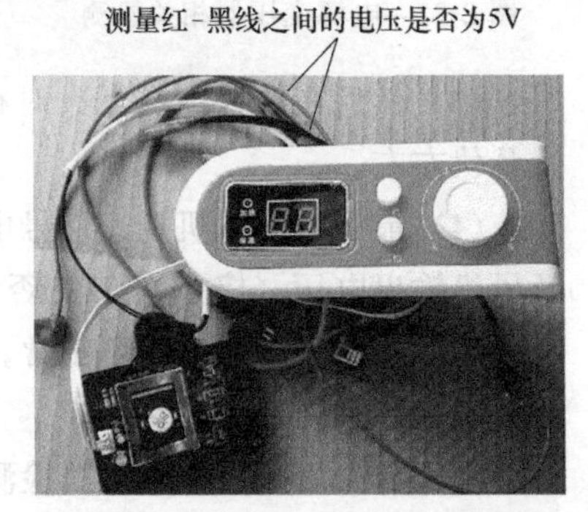

图2-21 控制器总成相关检测

7. 电源变压器

(1) 首先用万用表交流电压挡检测红-红线输入电压是否为220V。

(2) 再检测蓝-黑线的输出电压是否为12V左右，如图2-22所示。

(3) 若检测以上电压不正常，则是变压器损坏。

8. 电源盒总成

(1) 首先在显示屏亮屏时用万用表交流电压挡700V测红-红线电压是否为220V左右。

(2) 再用万用表直流电压挡检测排线中的红-黑线电压是否为5V左右，如图2-23所示。

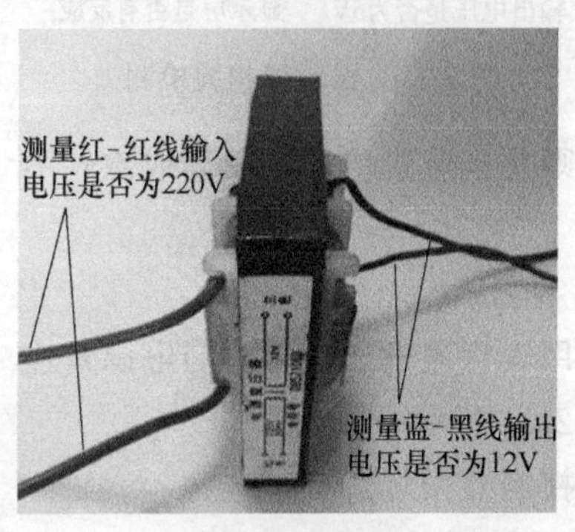

图2-22 电源变压器相关检测

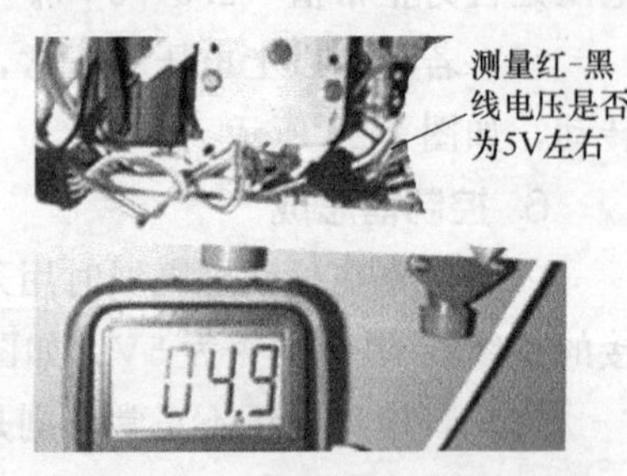

图2-23 电源盒总成工作电压

(3) 然后在脉冲高压点火时检测交流蓝-黑线反馈电压是否为十几伏左右。

(4) 最后检测风机调速信号电压（黄、白-黑线）是否小于5V及风机输出电压（棕-蓝线）是否为60～210V。

(5) 若检测以上电压不正常，则是电源无法正常控制或损坏。

9. 电磁阀

(1) 首先用万用表电阻挡检测两端电阻值是否为105Ω左右。

(2) 再检测电磁阀工作电压是否为24V，如图2-24所示。

（3）若检测以上电阻值及工作电压不正常，则是电磁阀损坏。

10. 电热水器加热管

（1）首先用万用表10kΩ挡红、黑两笔分别测量加热管的绝缘端子的电阻值是否较小。

（2）若检测绝缘电阻值较小，则是加热管短路损坏，如图2-25所示。

图 2-24　电磁阀工作电压

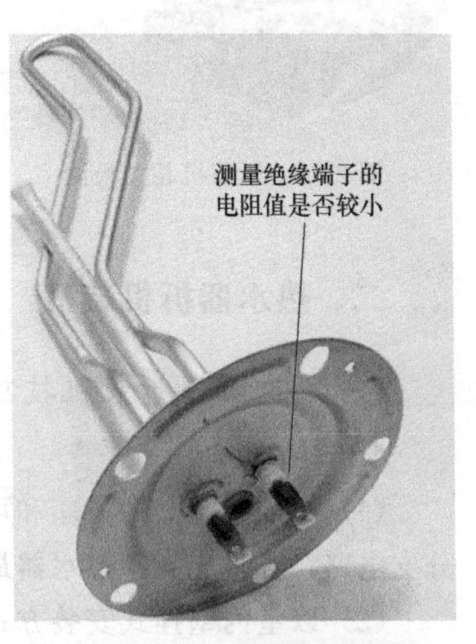

图 2-25　电加热管相关检测

11. 压缩机

（1）首先用万用表检测压缩机导线U、V、W三相间的电压是否相同。

（2）若三相电压相同，则压缩机绕组良好；再将万用表置于$R\times1$挡测量压缩机三个接线端子U、V、W间的阻值是否相同。

（3）若阻值不相同，则是压缩机内部线圈短路或断路，如图2-26所示。

12. 温控器和限温器

（1）检测温控器里的感温液是否泄漏及通断触点是否烧蚀或粘连。

（2）检测温控器和限温器的双金属片是否变形及金属片上的通断触点是否烧蚀及粘连，如图 2-27 所示。

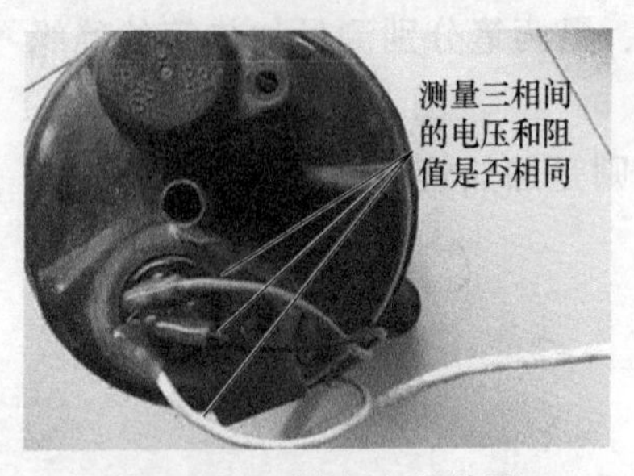

图 2-26 压缩机相关检测

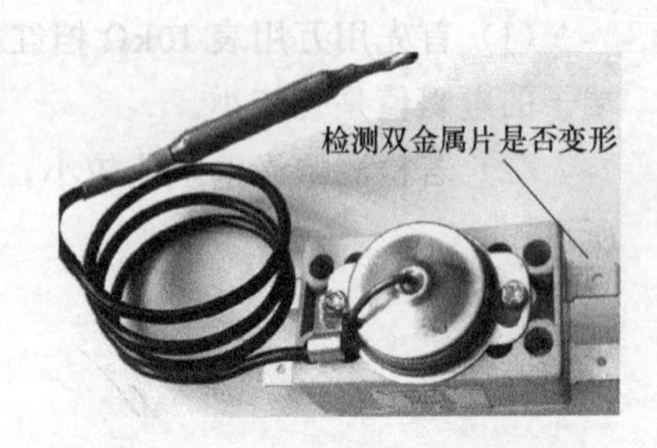

图 2-27 温控器及限温器相关检测

二、热水器拆机装机

（一）热水器拆装机技巧

1. 电热水器

（1）必须有独立的插座和可靠接地，电气连接一般应有专用的分支电路，容量应大于热水器最大电流的 1.5 倍。

（2）以室内壁挂式安装方式为主，热水器周围不得有易燃气体或强烈腐蚀气体，尽量避开强磁、强电、易振动的地方。

（3）安装的墙面须牢固，通常要能承受热水器装满水后总重量的 4 倍。

（4）在安装泄压阀的同时一定要安装导流管，并引到地漏或排水处。

（5）暗管口离热水器底部应有 30cm 的距离，混水阀的冷热水口距离应为 15cm，进出水管口距离应为 10cm。

（6）热水器的水有可能喷到的地方应有防水措施。

（7）安装时首先把挂架固定在热水器上，在墙上钻 4 个孔并上膨胀螺钉，再用波纹管或金属软管把热水器进水口和预留的进水口连接起来，然后把热水器出水口与混水阀进水口连接起来插电试机即可。

2. 燃气热水器

（1）必须有220V交流电源，三项电源插座接地线必须接地。

（2）排烟管的长度不能超过5m，转弯的次数不能超过3次，排烟管拐弯处角度须大于90°，并且保持接口处不漏气。

（3）热水器的两侧、顶部及底部应距可燃材料5cm以上，另外上部不得有电力明线，安装墙壁应为耐火材料或带隔热板。

（4）应在进水管附近适当位置安装一个闸阀。

（5）拆卸燃气热水器时，应关断煤气及电源开关，拔下电线，拧开进水双头管及出水管、煤气管，再用扳手或螺丝刀卸掉固定热水器的螺钉即可拆下燃气热水器。

3. 空气能热水器

（1）电源插座应为三脚插座，最好配带防水盒。

（2）主机可安装在外墙、屋顶、阳台及地面上，出风口应避开迎风方向。

（3）主机与储水箱之间的距离不能大于5m，通常为3m左右，另主机与墙壁或其他遮挡物之间的距离不能太小。

（4）主机安装的地方应坚实牢固，安装时要保持直立，并用地脚螺栓固定。

（5）储水箱必须坐地式安装，安装位置也必须坚实，不可挂在墙壁上。

（6）确保真空度合格，抽空时间不能少于20min。

4. 太阳能热水器

（1）热水器主机应安装在阳光充足的地方，前上方无遮挡物，且要固定牢固。

（2）在插入真空管时应纵向用力，不能斜插。

（3）普通型水箱上部排气口不得堵塞，以免进气或排气不畅。

（4）进出水管连接管件时，不漏水即可，不要大力拧进水管。

（5）连接上下水管，尽量选择专用复合管或胶联管。

（二）热水器拆装机实例训练

1. 储水式电热水器的安装

（1）选择正确的安装位置。热水器距离左壁应为 25cm 以上，右壁距离应为 50cm 以上，上部应留有 25cm 以上的空间，挂架下孔距离地面应为 1.7cm 左右，如图 2-28 所示。

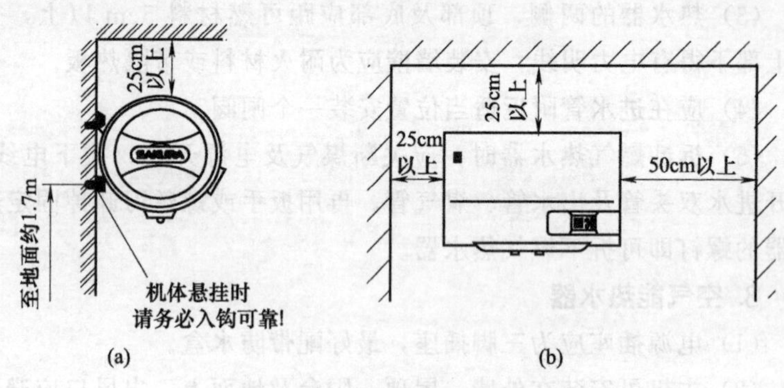

图 2-28　选择正确安装位置

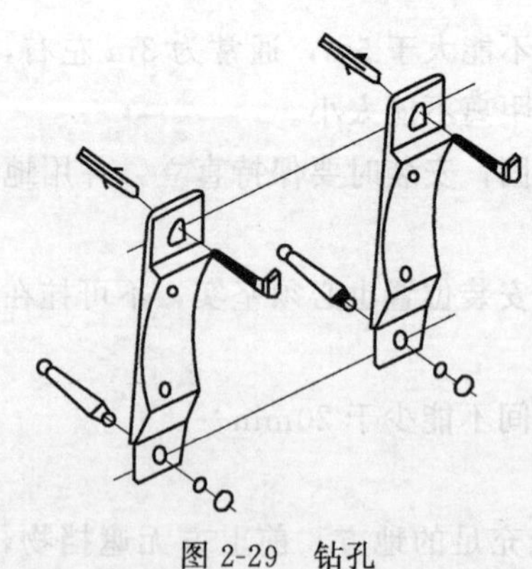

图 2-29　钻孔

（2）在选定好位置后，将安装样板纸贴附在墙面上，冲样钻 4 个螺钉孔，再用自攻螺钉及膨胀螺钉将机体固定，如图 2-29 所示。

（3）固定机体后，再安装冷热进水管、安全阀和淋浴混水阀的配管，整机安装如图 2-30 所示。

（4）安装冷热进水管，再在热水器进水口处安装泄压安全阀，如图 2-31 所示。

（5）安装安全阀。首先根据安全阀上的箭头方向将接口安装到进水管上，再将排水管的一端拧到安全阀的泄压孔上，另一端接到下水道处，如图 2-32 所示。

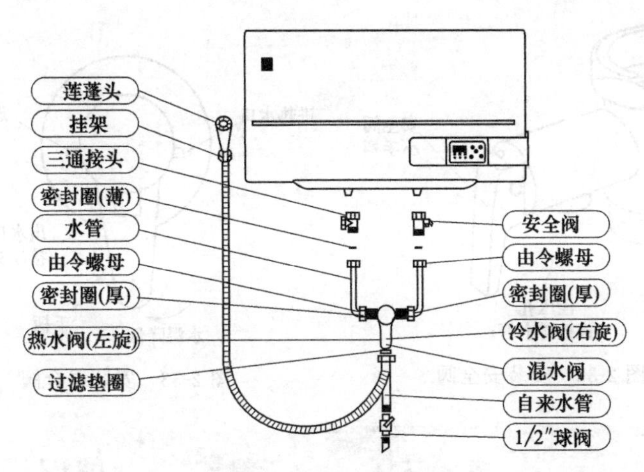

图 2-30 整机安装示意图

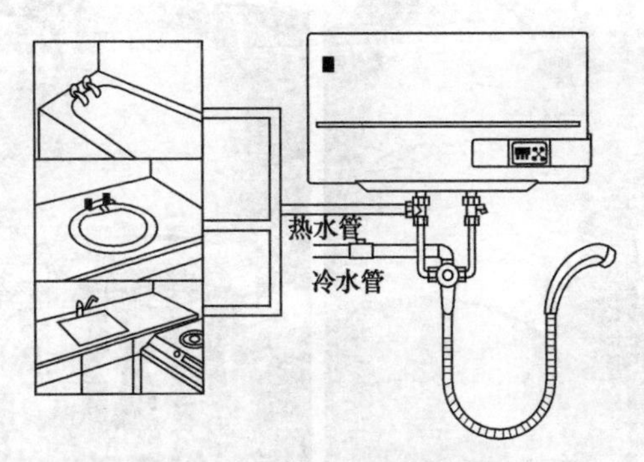

图 2-31 安装冷热进水管

(6) 安装混合阀。首先固定阀体在墙面上，再将混合阀的进冷水口和进热水口垫上胶垫，分别连接到自来水管和出热水管上，然后罩上塑料罩，并将手柄固定在阀体上，如图 2-33 所示。

2. 速热式电热水器的拆解

速热式电热水器相关解剖图如图 2-34、图 2-35 所示。

3. 燃气热水器

(1) 安装主机

① 在热水器的上方开一个直径约 80mm 的圆孔，如图 2-36 所示。

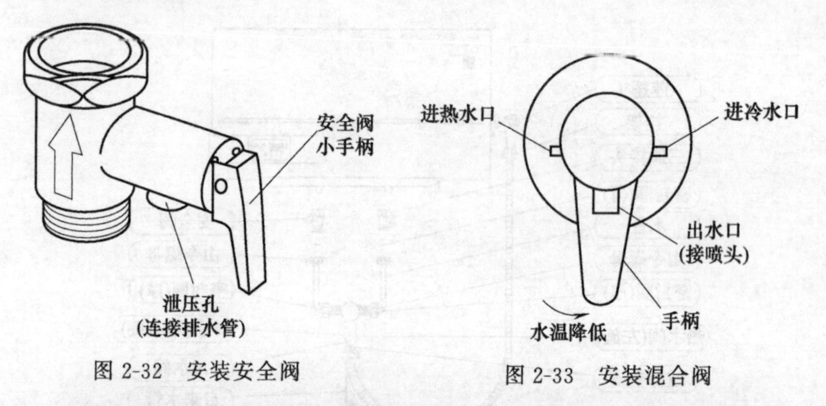

图 2-32　安装安全阀

图 2-33　安装混合阀

图 2-34　电热水器解剖图（一）

② 在热水器安装孔的中央位置打入膨胀管，并在中间拧入木螺钉，如图 2-37 所示。

③ 在墙上钻 4 个孔，打入塑料胀管并将安装螺钉拧入塑料胀管，挂上主机后再将安装螺钉拧入下端的两个塑料胀管并紧固。

④ 将热水器挂在安装螺钉上，待热水器垂直后确定安装孔的位置，再卸下热水器，如图 2-38 所示。

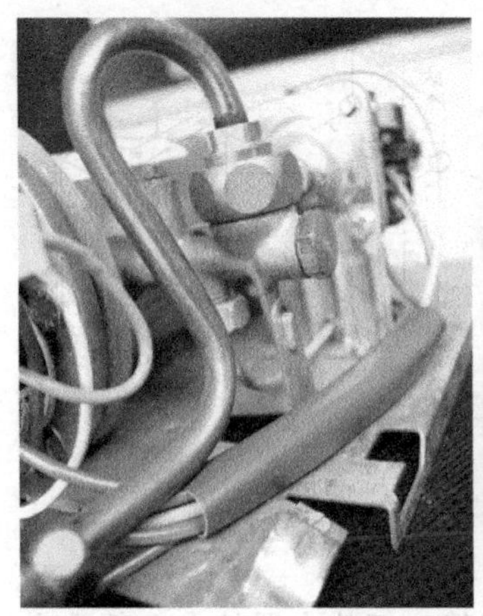
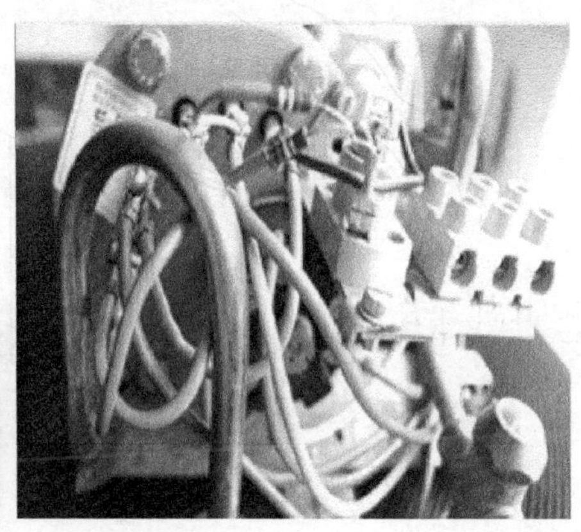

图 2-35 电热水器解剖图（二）

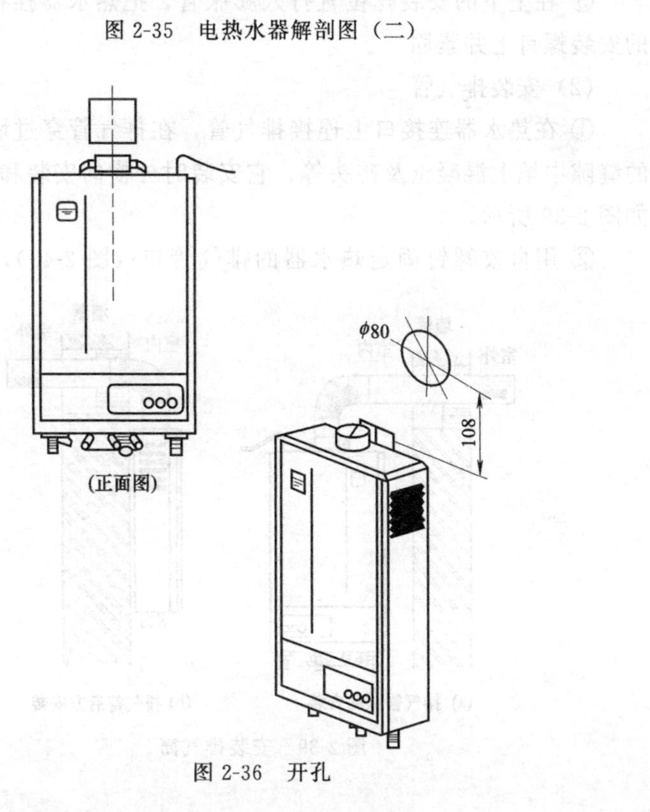

图 2-36 开孔

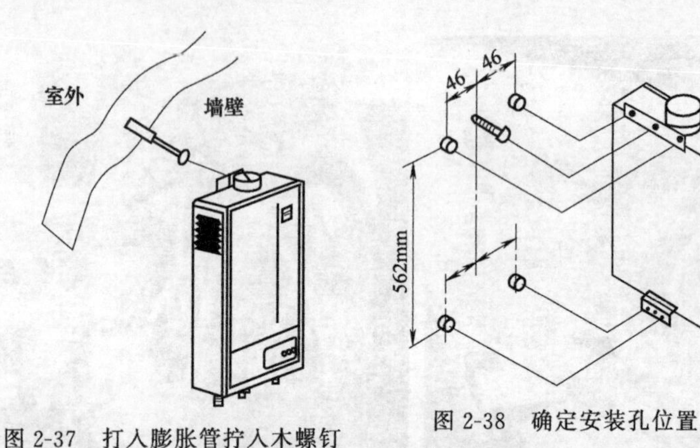

图 2-37　打入膨胀管拧入木螺钉

图 2-38　确定安装孔位置

⑤ 在上下的安装孔位置打入膨胀管，把热水器挂在上部中央的安装螺钉上并紧固。

(2) 安装排气管

① 在热水器连接口上连接排气管，在排气管穿过墙壁的部分的缝隙中填上混凝土及砖头等，它安装时分横向安装和后方安装，如图 2-39 所示。

② 用自攻螺钉固定热水器的排气管口（图 2-40），为防止漏

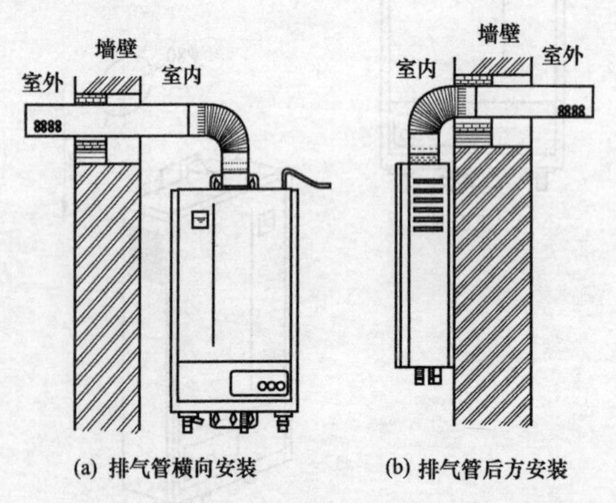

(a) 排气管横向安装　(b) 排气管后方安装

图 2-39　安装排气筒

气，可用防热贴纸粘贴，如图 2-41 所示。

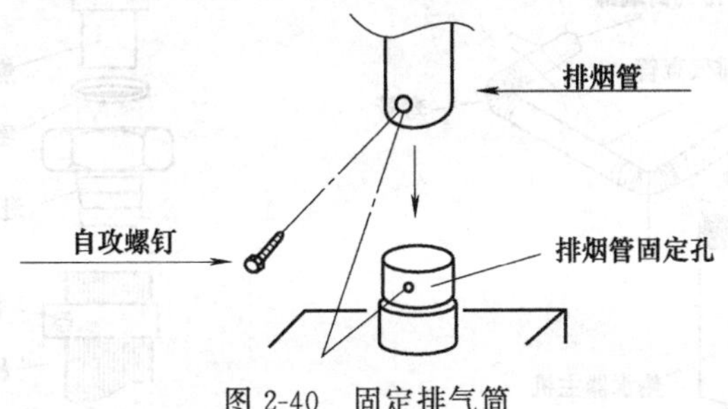

图 2-40　固定排气筒

③ 在延长弯管及直管时，排气管的总长度必须控制在 3m 且不能超过 3 弯，如图 2-42所示。

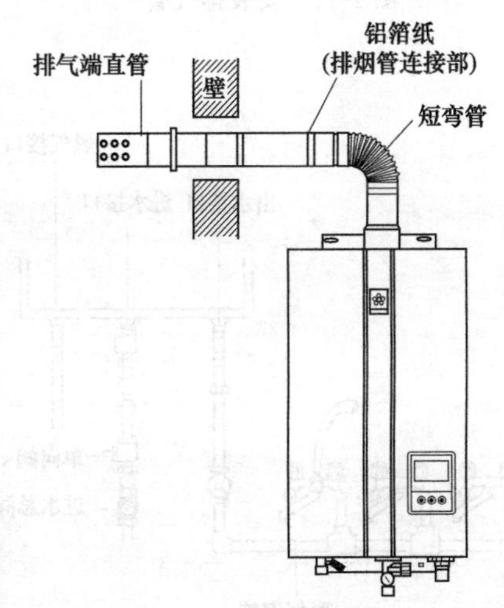

图 2-41　粘贴防热贴纸

(3) 安装燃气管

① 在使用罐装液化气或天然气时，应先安装进气接头和密封垫圈，再用燃气专用的橡胶软管连接并用管夹夹紧，如图 2-43 所示。

② 使用管道煤气或天然气时，应采用镀锌管或脱氧铜管连接并安装燃气阀门，如图 2-44 所示。

(4) 拆机时按相反顺序进行即可，相关解剖图如图 2-45～图 2-47 所示。

4. 太阳能热水器

(1) 安装、固定支架。首先将组装好的支架斜面框对准确定好的方位，再采用水泥墩及膨胀螺栓固定好安装好的支架，如图2-48 所示。

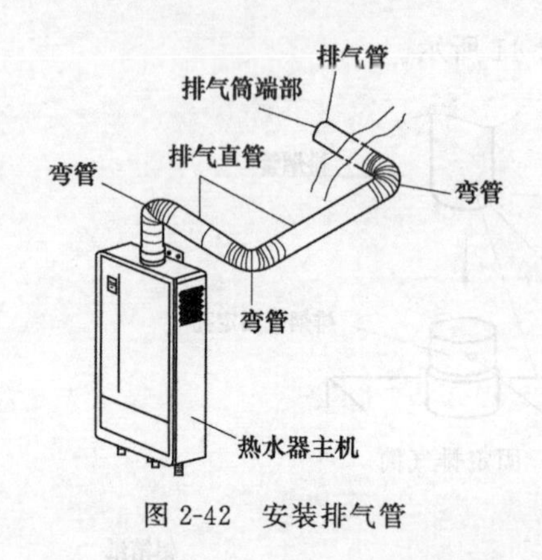

图 2-42 安装排气管

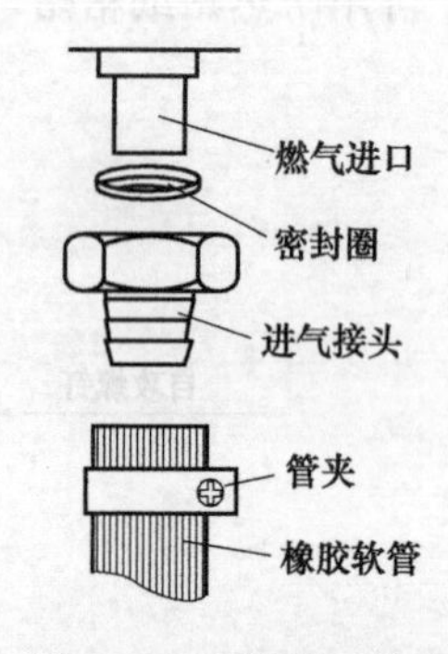

图 2-43 安装进气接头

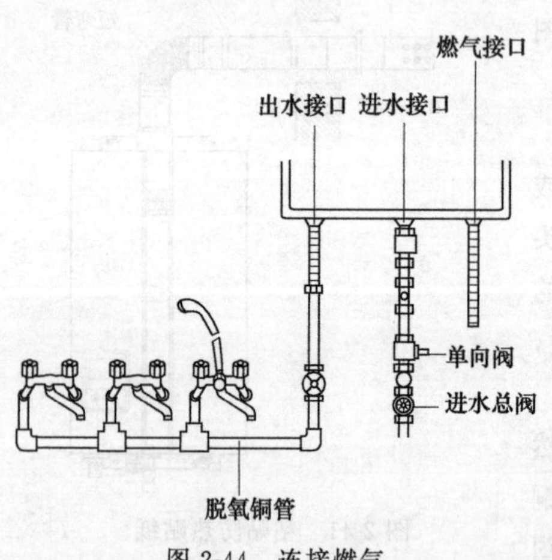

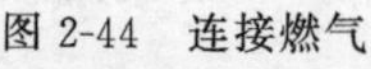
图 2-44 连接燃气

图 2-45 燃气热水器解剖图（一）

（2）安装水箱。首先取下固定在水箱两端螺栓上的螺母，再将水箱下部螺栓插入支架桶托上的长孔中（图 2-49），然后垫上垫片并上好螺母固定，如图 2-50 所示。

（3）安装真空管。首先确定好位置安装真空管管座，将挡风圈套入真空管中，再将无破损的真空管外密封圈套入真空管内，然后把尾座放入支架尾架中并将真空管固定在尾座上，如图 2-51 所示。

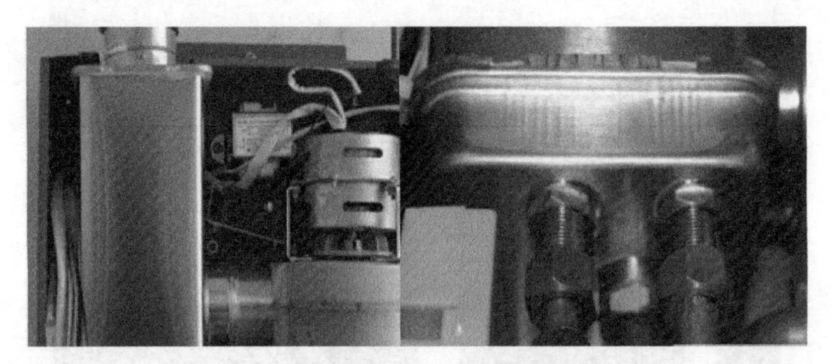

图 2-46　燃气热水器解剖图（二）

图 2-47　燃气热水器解剖图（三）

图 2-48　安装及固定支架

图 2-49　安装水箱

图 2-50　固定水箱

图 2-51　安装真空管

（4）安装冷热水管

① 首先用生胶带缠住进出水口并上好管件，再连接热水器安装专用管道。

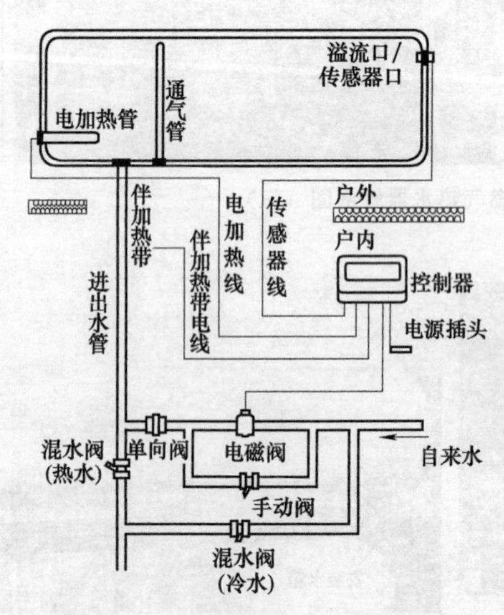

图 2-52　冷热水管管路相关示意图

② 将电伴热带紧贴在管道外壁，用黏性扎带将其扎紧。

③ 在水箱上的水位仪孔装上传感器，并插到水箱底部锁紧固定。

④ 在水箱上接自来水管，最后接室内水管，相关管路安装示意如图 2-52 所示。

（5）接电线。首先接电加热装置的电线，红色是火线，双色是地线，另外还有一根是零线，接好电加热线后再接电伴热带电线。

（6）拆机时按相反顺序进行即可。

5. 空气能热水器

（1）打开包装将配件准备好，如图 2-53～图 2-55 所示。

图 2-53　空气能热水器安装配件（一）

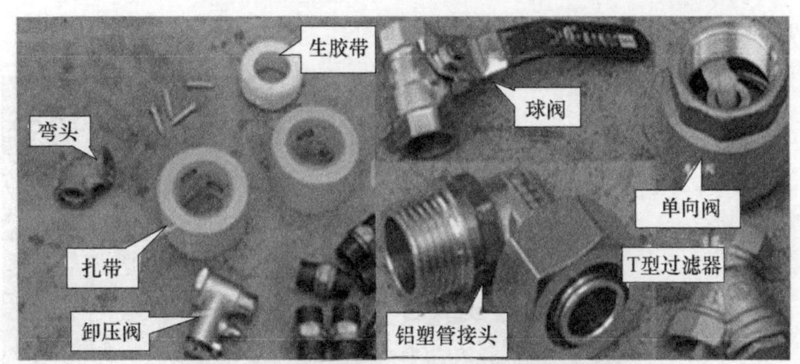

图 2-54　空气能热水器安装配件（二）

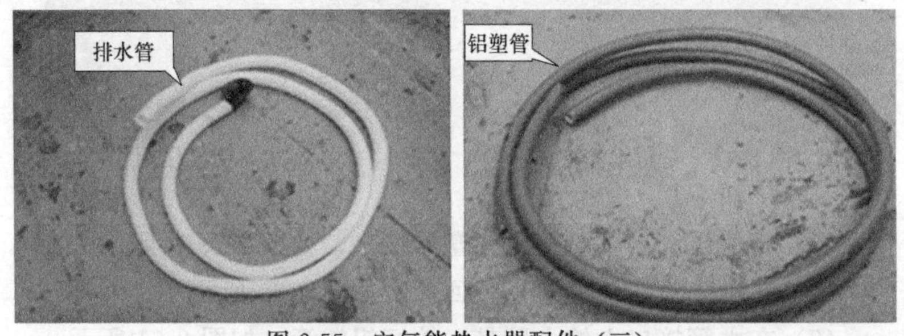

图 2-55　空气能热水器配件（三）

（2）用扎带将冷媒管与感温探头线扎紧，并把两头冷媒管 Y 形分开，如图 2-56 所示。

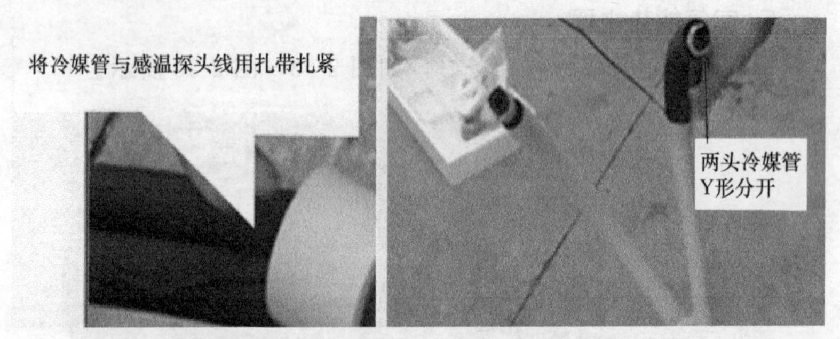

图 2-56　扎紧冷媒管并将两头冷媒管 Y 形分开

（3）安装水箱底座，如图 2-57 所示。

（4）将泄压阀在热水出口处接上并用扳手将其拧紧，如图2-58 所示。

图 2-57　安装水箱底座

图 2-58　接泄压阀

（5）将泄压阀向下，接上铝塑管接头，如图 2-59 所示。

（6）在冷水进水口处接上止回阀，如图 2-60 所示。

（7）在水管接口上缠上胶带，接好铝塑管，如图 2-61 所示。

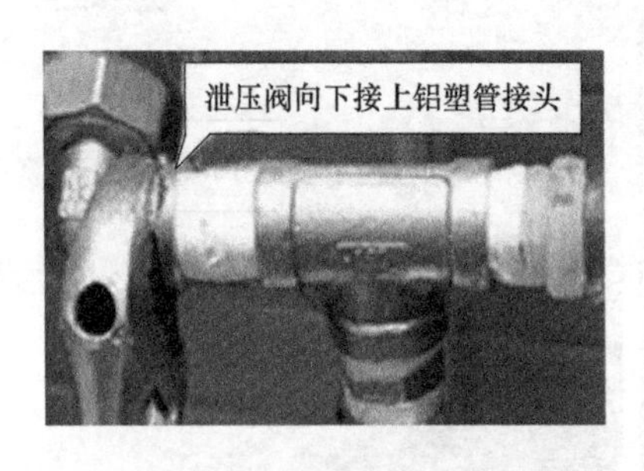

图 2-59　接铝塑管接头

图 2-60　接止回阀

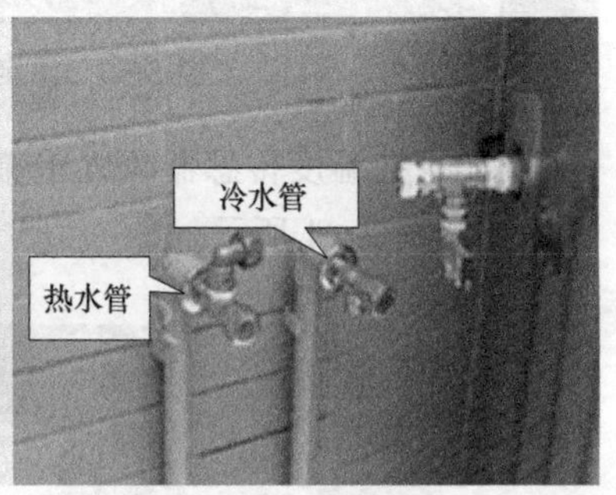

图 2-61　接铝塑管

(8) 在主机支架要固定的位置处钻孔，并将其固定，如图2-62所示。

(9) 将主机放于支架上，并用螺钉固定，如图 2-63 所示。

图 2-62　固定支架

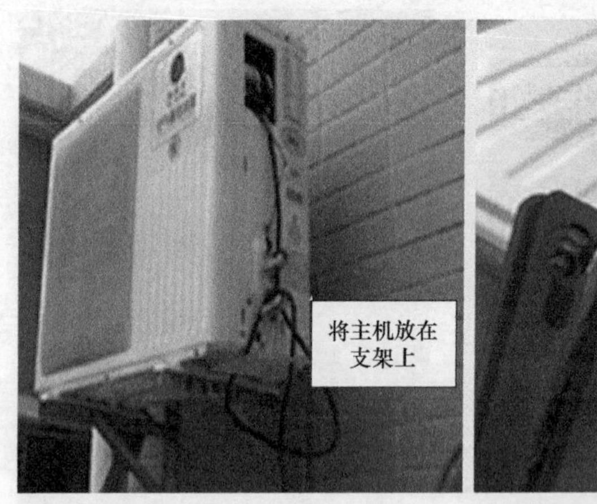

图 2-63　固定主机于支架上

（10）把温度传感器插入水箱并用螺钉固定，再接好温度传感器线，如图 2-64 所示。

图 2-64　固定温度传感器

（11）接好主机控制线，如图 2-65 所示。

（12）接上电源，如图 2-66 所示。

（13）接好冷媒管，安装排水管，再将主机排空，即可开机运行，如图 2-67 所示。

（14）拆机时按相反顺序进行即可。相关解剖图如图 2-68～图 2-71 所示。

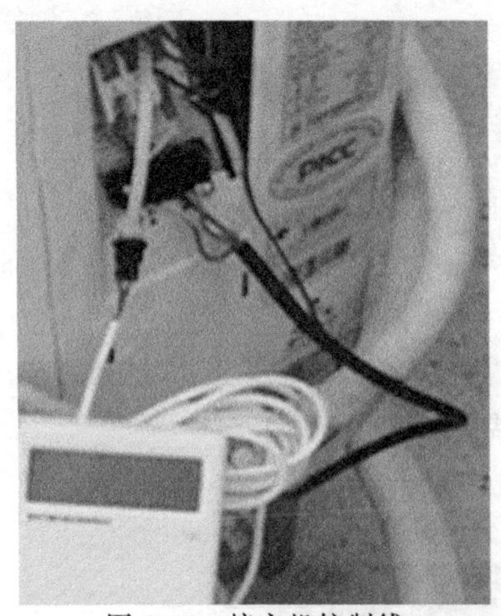

图 2-65　接主机控制线

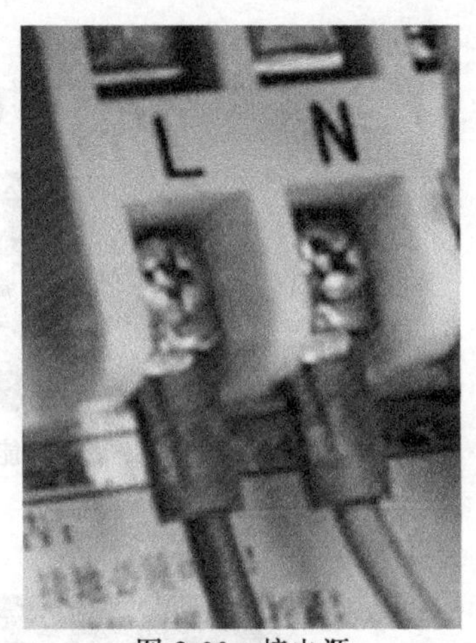

图 2-66　接电源

图 2-67　接排水管

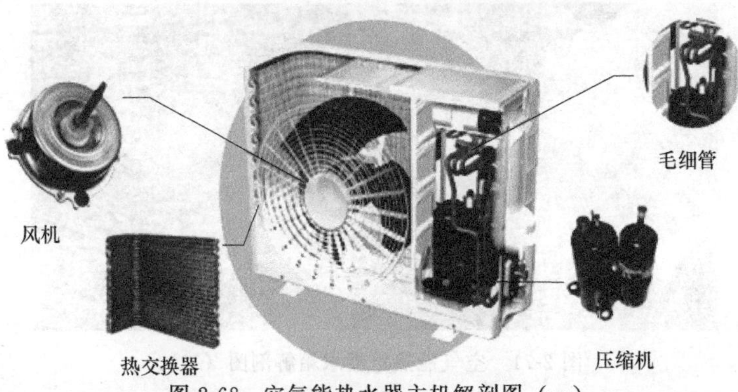

图 2-68　空气能热水器主机解剖图（一）

图 2-69　空气能热水器主机解剖图（二）

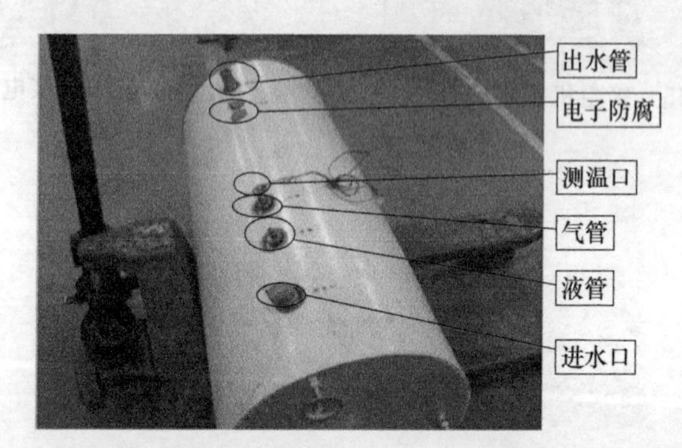

图 2-70　空气能热水器水箱解剖图（一）

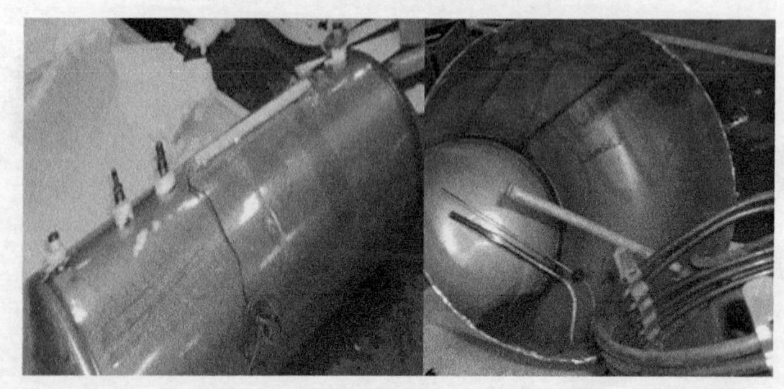

图 2-71　空气能热水器水箱解剖图（二）

※知识链接※ 注意电热水器、太阳能热水器、带强电的燃气热水器和空气能热水器应在进出水口加装防电墙（图 2-72），以防止漏电。

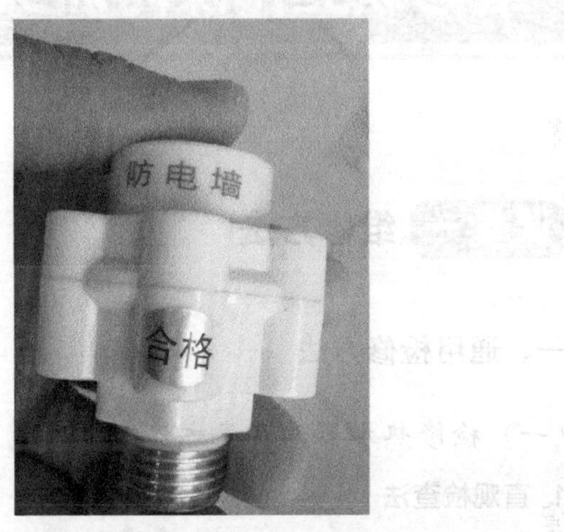

图 2-72　防电墙

Chapter 03

维修职业化课内训练

课堂一 维修方法

一、通用检修方法

（一）检修热水器的常见方法

1. 直观检查法

检修时用眼看、耳听、手摸、鼻闻等方法进行检查和判断故障部位的方法称为直观检查法。

2. 电压测量法

检修时用仪表测量各电压进行检查和判断故障部位的方法称为电压测量法。

3. 电流/电阻测量法

检修时用仪表的电流挡或电阻挡测量各元件的电流或电阻而进行检查和判断故障部位的方法称为电流/电阻测量法。

4. 断路法

检修时切断某一电路或焊开某一元件来进行检查和判断故障部位的方法称为断路法。

5. 敲击法

检修时用螺丝刀或小棒锤敲击电路板的某一处来进行检查和判断故障部位的方法称为敲击法。

6. 代换法

检修时用一个好的元件去代换未确定故障的元件来进行检查和判断故障部位的方法称为代换法。

7. 比较法

检修时用相同机器的正常值来作为比较而进行检查或判断故障部位的方法称为比较法。

8. 篦梳检查法

检修时通过篦梳式排查的检查方法检查了很多元器件而进行判断故障部位的方法称为篦梳检查法。

9. 自诊检查法

检修时通过故障代码而进行检查和判断故障部位的方法称为自诊检查法。

10. 盲焊检查法

检修时将元件一个一个地补焊而进行检查和判断故障部位的方法称为盲焊检查法。

（二）影响热水器正常工作的外部因素

1. 空气

空气在热水器正常工作时起着很大的作用，它能保证热水器空气流通，氧气正常燃烧等。当热水器烟管内积有杂物、换热器积炭堵塞时及烟管弯折过多或过长时都会导致熄火，这就是因为空气不足。

2. 燃气

燃气是燃气热水器中的重要外部因素。当换新煤气瓶后，减压阀到热水器的橡胶气管中有可能存有气体，这样会出现打火不燃的现象，只要将减压阀到热水器的橡胶气管中的气体排放掉即可。另外，若燃气质量差也会造成热水器因煤气供应不足而自熄火。

3. 电压

电压故障是热水器较常见的一种现象，当电池量不足、电池座因生锈而接触不良、热水器内部电路插件接触不良时，都会使热水器出现不开机、不打火、点火不燃或自熄等故障现象。

4. 水压

水压故障也是热水器中较常见的一种现象，当水压低、水压慢都易造成热水器不开机、中途熄火等不稳定现象。造成水压低的原因有供水水压低，进、出水管管径过小，水管折弯或脏堵等。

（三）检修热水器的技能

1. 询问或观察

首先询问用户热水器出现故障时有无异常响声、火花、冒烟或有无人员误操作等现象，再用万用表检测等方法判断并找出故障点。

2. 检查电源

电源是热水器工作的枢纽，先检查电源可以避免走许多弯路，比如检查变压器初级线圈是否断路，电容是否开路、短路及容量有无变化，电阻值是否正常，开关电源是否损坏等。

3. 检测易损元件

当没有确定故障部位时，可通过检查易损元件来判断故障部位，比如电磁阀、点火器、压缩机、变压器、加热管、温控器、微动开关、功率电阻、功率管等。

4. 检修注意事项

（1）检修时勿踩空心台面、坐便器及浴缸等物器，注意人身安全。

（2）拆卸电磁阀和水气联动阀前，应取下电池或拔下电源插头并把煤气关掉。

（3）在检修电路时应关闭气阀，当风机转动、点火针有火花、电磁阀有吸合声后再开启气阀。

（4）若发现热水器有漏气时，应检查煤气瓶接口、减压阀、气管、进气接头、电磁阀及各接口。

二、专用检修方法

（一）电热水器的检修方法

（1）首先应用万用表测量零线、火线和地线是否正常。

（2）再检查管道连接或三通阀是否有故障。

（3）然后在通电后检测温控器是否完好及电热管是否损坏。

（4）在维修全自动电热水器可利用故障代码进行快速判断和检修，当电源供电正常且加热器未损坏时，应检查控制器是否有异常。

（二）电热水器常见故障维修

1. 热水器指示灯一直亮

检修此类故障时应重点检测温控器感温面与电热管法兰面接触点是否过少或温控器是否损坏，检修时重新安装温控器或更换温控器即可。

2. 不加热

检修此类故障时应重点检测热水器与电源之间的插接件是否烧蚀、加热器是否开路、超温保护器是否有漏电、加热控制电路是否正常。

3. 干烧

检修此类故障时首先检测温度传感器是安装位置是否正确，感温器是否损坏。

4. 出水温度过高

检修此类故障时应检测冷热水调节是否不良、温控器旋钮调节是否不良或触点粘连。

5. 出水或进水困难

检修此类故障时应检测自来水压是否正常，水质是否过差、温控器及热水阀是否有脏堵、混水阀是否损坏。

（三）燃气热水器检修方法

（1）首先确定安装是否错误。

（2）确定安装无误后检查电路是否有故障。在开水不开气的状态下，用手拨开拨叉片，微动开关触点是否正常弹开，脉冲点火火花是否清晰有力，触摸电磁阀外壳上吸合释放是否正常。

（3）检查热水器是否漏电。用万用表电阻100～1000Ω挡，一脚接热水器外壳，另一脚接漏电保护插头火线，若指针向“0”，则说明热水器短路。

（4）检查水路及连动装置是否有故障。在不开气状态下，不停地开启、关闭进水开关，试后再不停开水、关水，目测小轴及拨叉片是否能正常地推动、复位，水路系统各驳接口是否有漏水。

（5）检查气路是否有故障。在小火下试点火，观察是否能正常维持着火。

（四）燃气热水器常见故障维修

1. 不打火或自动熄火检修

（1）检查水压是否正常。

（2）检查水气联动阀里的橡皮膜是否老化、破裂、润滑是否良好。

（3）检查点火针是否有氧化物或损坏。

（4）检查气阀组件里的滑杆是否能够快速滑动。

（5）检查微动开关是否损坏。

2. 水温失常

（1）检查水箱是否有积垢，用稀盐酸清洗即可。

（2）检查水温调节阀或气阀是否失灵。

（3）检查燃气气压是否稳定。

3. 点火时出现爆燃声

（1）检查钢瓶减压阀压力是否过高。

（2）检查电池电压是否太低。

（3）检查点火针位置是否不正。

（4）检查燃烧器孔及喷嘴是否堵塞。

4. 火焰呈黄焰并有黑烟

（1）检查燃烧器是否有污物。

（2）检查室内空气是否补充不足。

（3）检查气源压力是否偏高或偏低。

（4）检查燃气气种是否不好。

5. 水不够热

（1）检查钢瓶减压阀是否损坏或气流量是否不够。

（2）检查气源开关是否有异物或半堵塞。

（3）检查进气嘴及气管是否太细或气管太长。

（4）检查水压是否太高及水稳压系统是否失效。

（五）空气能热水器的检修方法

（1）仔细观察或用仪表测量热泵各部分的情况是否正常。

① 首先用万用表检查电源电压的高低、电动机绕组电阻值是否正常。

② 再用绝缘电阻表测量热泵的绝缘电阻是否在2MΩ以上，若各项指标均正常，则可以通电试运行。

③ 然后用电流表测量启动电流和运行电流是否正常。

④ 打开箱门检查毛细管、干燥过滤器是否有凝露，压缩机吸气管是否结霜，由此可判断制冷管路是否阻塞、制冷剂是否过量、毛细管是否有故障。

⑤ 最后检查制冷系统管道表面有无油污的迹象，如有油污，说明有泄漏。

（2）仔细聆听各种机械运行声音是否正常。

① 听电动机工作时运转声音是否正常。

② 听压缩机工作时是否有噪声。

③ 听蒸发器内是否有气流声。

④ 听电磁阀、水泵等是否有异常响声等。

（3）仔细询问热泵的运输、使用环境及使用过程是否正常。

（4）用手触摸热泵各部分的温度是否正常。

① 触摸压缩机温度是否正常。

② 触摸扩管进出口处温差是否正常。

（六）空气能热水器常见故障维修

1. 噪声大

（1）检查机内管路及阀件是否有松脱现象。

（2）检查消声器及吸排气阀门是否损坏或破碎。

（3）检查热力膨胀阀开启是否过大。

2. 机组制热能力偏低

（1）检查制冷剂是否不足。

（2）检查水系统水箱保温是否不良。

（3）检查水流量是否不足。

（4）检查主要换热器换热效果是否不良。

3. 压缩机不停机

（1）检查温控器位置安放是否有误或失灵。

（2）检查传感探头阻值是否不对或传感线是否断落。

4. 水箱、冷热接头漏水

（1）检查管件接头使用的生料带是否足够。

（2）检查是否有管件损坏。

5. 压缩机不运转

（1）检查电源是否有故障。

（2）检查压缩机接触器是否损坏或相关接线松动。

（3）检查出水温度是否过高。

（4）检查水流量是否不足。

6. 机组不运转

（1）检查电源是否有故障。

（2）检查机组电源接线是否松动。

（3）检查机组电源熔断器是否熔断。

（4）检查热过载保护器是否跳开。

（七）太阳能热水器检修方法

1. 水流小

（1）把下水管的阀门结合处拧开后，若水流变大则是阀门故障。

(2) 若水流小，再将自动上水阀下端拧开。

(3) 若拧开之后水流变大，则是上水管内部堵塞，清理上、下水管即可。

(4) 若水流仍小，则将自动上水阀与太阳能储水箱结合处拧开。

(5) 若水流变大，则是自动阀内部堵塞，清洗或更换自动上水阀即可。

2. 漏水

(1) 检查管路连接是否良好、管件是否损坏。

(2) 检查水嘴是否松动。

(3) 检查金属软管及密封垫是否损坏、连接是否良好。

(4) 检查真空管的硅胶圈是否损坏或密封是否不好。

3. 水不热

(1) 检查热水器上方以及周围是否有遮挡物。

(2) 检查当地空气烟尘是否多过。

(3) 检查集热器表面是否有灰尘。

(4) 检查水阀是否没关严。

4. 不上水

(1) 检查上水开关是否损坏。

(2) 检查水位控制器是否损坏。

(3) 检查太阳能控制仪是否不能控制。

5. 温度指示不正确

(1) 检查温度探头是否断线。

(2) 检查温度探头是否损坏。

(3) 检查温度探头接线是否松动。

6. 有电但水泵不转

(1) 检查电动机是否损坏。

(2) 检查热继电器是否跳闸。

课堂二 检修实训

一、热水器不工作的检修技巧实训

（一）热水器不工作的检修方法

1. 电热水器

（1）检查水压及电压是否正常。

（2）检查进水管是否有堵塞现象。

（3）检查熔丝是否熔断。

（4）检查温控器是否断开。

（5）检查主控板是否损坏。

2. 燃气热水器

（1）检查燃气是否不足。

（2）检查脉冲点火器是否损坏。

（3）检查微动开关是否损坏。

3. 空气能热水器

（1）检查压缩机是否损坏。

（2）检查启动电容是否损坏。

（3）检查压缩机管道是否泄漏。

（4）检查主板是否损坏。

（5）检查手操器是否损坏。

4. 太阳能热水器

（1）检查管道是否冻结。

（2）检查真空管是否损坏。

（3）检查水箱内胆是否损坏。

（4）检查设置是否正常。

（二）热水器不工作的检修实例

1. 阿里斯顿 FLAT70VH2. 5AG+S 型电热水器不工作

（1）首先检查电源插头是否松动。

（2）若电源插头未松动，则检查控制板是否有异常。

（3）若控制板正常，则检查电源板是否损坏。

实际检修中发现电源板损坏，更换即可。电源板相关接线如图3-1所示。

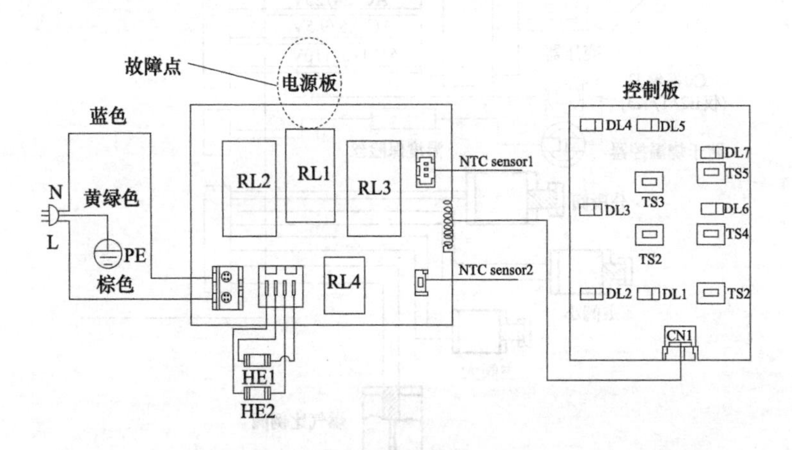

图 3-1　电源板相关接线图

RL—继电器；DL—LED灯；TS—按键；HE1—1500W 加热管；
HE2—1000W 加热管；NTC sensor1—出水胆感温探头；
NTC sensor2—进水胆感温探头

2. 海尔 JSQ32-T3 型燃气热水器不工作

（1）首先检查燃气比例阀是否打开。

（2）若燃气比例阀已打开，则检查变压器是否损坏。

实际检修中发现变压器损坏，更换即可。变压器相关接线如图3-2所示。

3. 欧特斯 KF200 热水器不工作

（1）首先检查风扇电动机是否损坏。

（2）若风扇电动机未损坏，则检查压缩机是否损坏。

实际检修中发现压缩机损坏，更换即可。压缩机相关接线如图3-3所示。

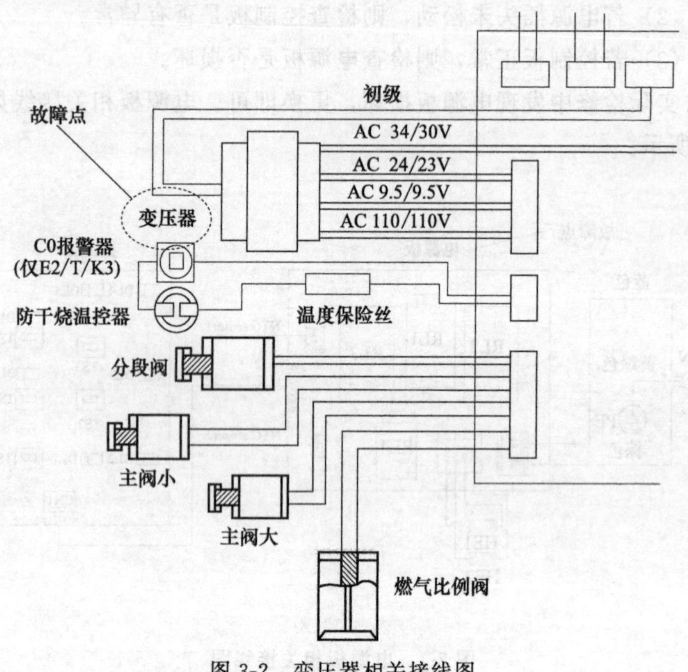

图 3-2 变压器相关接线图

二、热水器不加热的检修技巧实训

（一）热水器不加热的检修方法

1. 电热水器

（1）检查漏电保护插头是否损坏。

（2）检查加热棒是否损坏。

（3）检查温控器是否损坏。

（4）检查内胆是否特脏。

2. 燃气热水器

（1）检查煤气开关是否损坏、煤气阀气是否打开。

（2）检查喷头是否堵塞。

（3）检查水压是否不稳定。

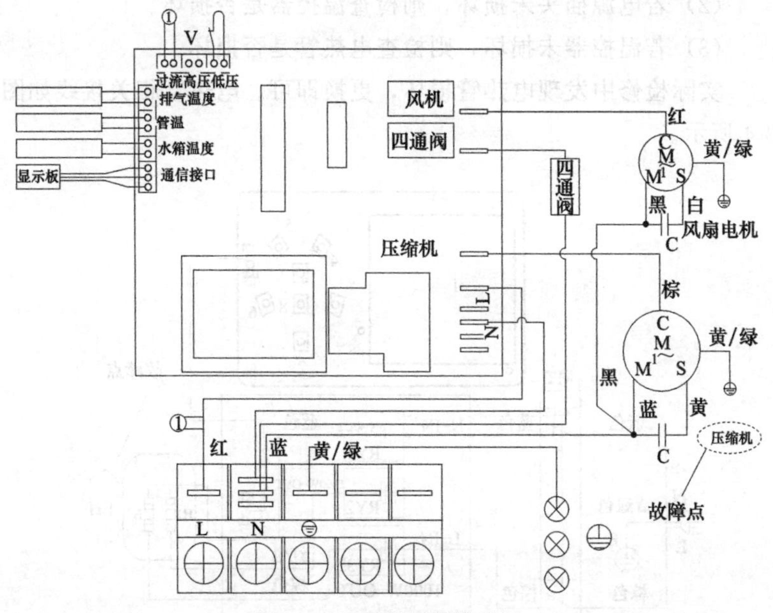

图 3-3　压缩机相关接线图

（4）检查热交换器是否损坏。

3. 空气能热水器

（1）检查制冷剂是否不足。

（2）检查压缩机及压缩机电容是否损坏。

（3）检查换热器空气是否排尽。

4. 太阳能热水器

（1）检查电加热是否损坏。

（2）检查真空管是否老化。

（3）检查所处地方是否太阳充足。

（4）检查程序控制器是否损坏。

（二）热水器不加热的检修实例

1. 阿里斯顿 AM80V 2.5-Ti3 型电热水器不加热

（1）首先检查电源插头是否损坏。

（2）若电源插头未损坏，则检查温控器是否损坏。

（3）若温控器未损坏，则检查电热管是否损坏。

实际检修中发现电热管损坏，更换即可。电热管相关接线如图3-4所示。

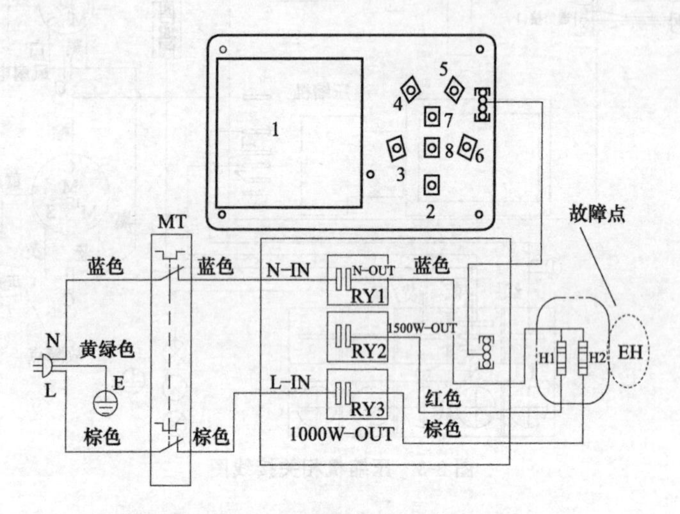

图 3-4　电热管相关接线图

1—显示屏；2—开/关键；3—变频键；4—模式键；
5—设定键；6—调速键；7—加键；8—减键；
MT—手动复位温控器；EH—电热管；H1—1500W 接线端；
H2—1000W 接线端；RY—继电器

2. 海尔 ES40H-HC3（E）型热水器不加热

（1）首先检查电源电压是否正常。

（2）若电源电压正常，则检查温控器是否损坏。

（3）若温控器未损坏，则检查电热管是否损坏。

实际检修中发现电热管损坏，更换即可。电热管相关接线如图3-5所示。

3. 史密斯 HPW-60A 电热水器不加热

（1）首先检查漏电保护插头是否损坏。

（2）若漏电保护插头未损坏，则检查上加热棒是否损坏。

实际检修中发现上加热棒损坏，更换即可。上加热棒相关接线如图 3-6 所示。

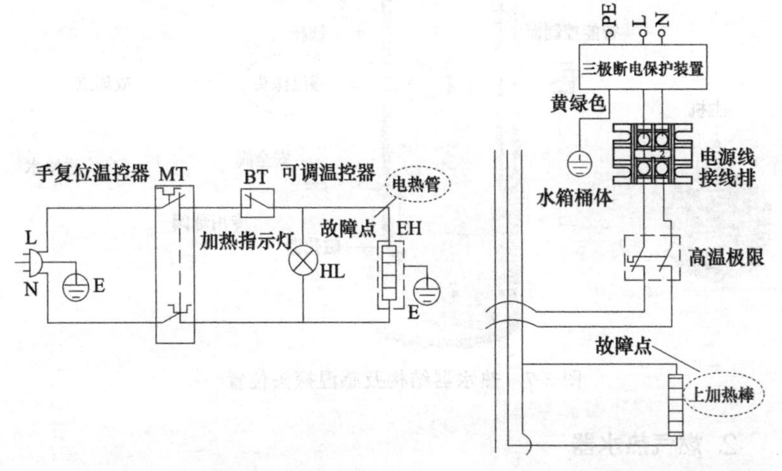

图 3-5　电热管相关接线图　　图 3-6　上加热棒相关接线图

4. 欧特斯 KF200 热水器不加热

（1）首先检查主机是否有异常。

（2）若主机正常，则检查镁棒是否损坏。

（3）若镁棒未损坏，则检查感温探头是否损坏。

实际检修发现感温探头损坏，更换即可。热水器结构及感温探头位置如图 3-7 所示。

三、热水器加热时间长的检修技巧实训

（一）热水器加热时间长的检修方法

1. 电热水器

（1）检查加热棒是否损坏。

（2）检查是否设置为最高功率挡加热。

（3）检查内胆里水垢是否过多。

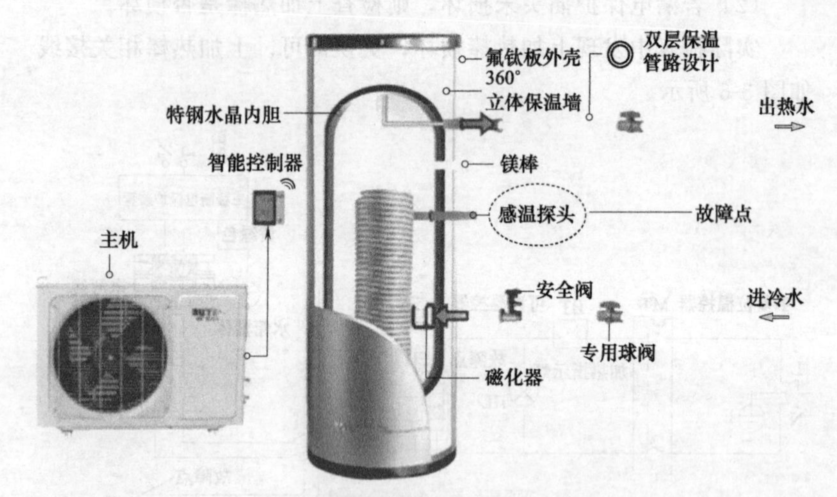

图 3-7 热水器结构及感温探头位置

2. 燃气热水器

(1) 检查火力是否调至最大。

(2) 检查燃气是否不足。

(3) 检查水气联动阀是否损坏。

3. 空气能热水器

(1) 检查制冷剂是否泄漏。

(2) 检查压缩机是否卡缸。

4. 太阳能热水器

(1) 检查阳光是否充足。

(2) 检查真空管是否损坏。

(二) 热水器加热慢的检修实例

1. 史密斯 CEWH -80B3 型电热水器加热慢

(1) 首先检查温度控头是否损坏。

(2) 若温度控头未损坏，则检查电加热管 1kW 和 2kW 是否损坏。

实际检修中发现电加热管 2kW 损坏，更换即可。电加热管 2kW 相关接线如图 3-8 所示。

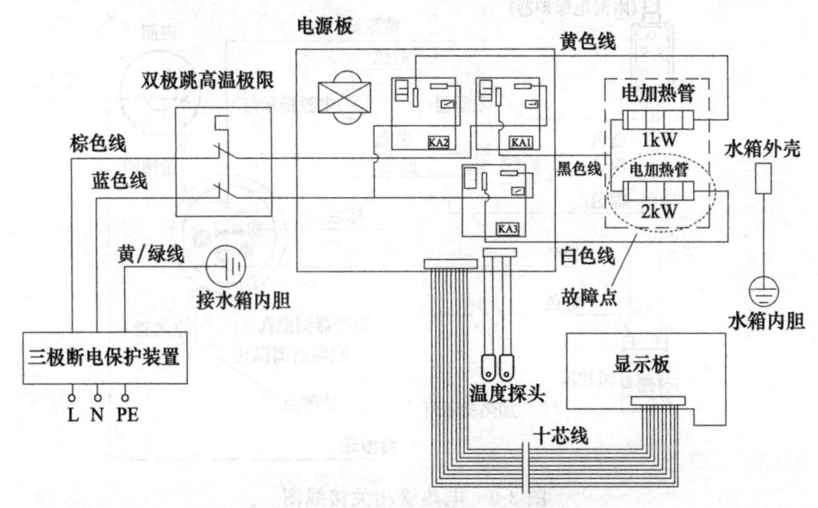

图 3-8 2kW 加热管相关接线图

2. 樱花 SHE-0851U 型电热水器加热慢

（1）首先检查是否设置为最高功率挡加热。

（2）若是设置为最高功率挡，则检查内胆是否脏污。

（3）若内胆未脏污，则检查电热管是否损坏。

实际检修中发现电热管损坏，更换即可。电热管相关接线如图 3-9 所示。

四、热水器不打火的检修技巧实训

（一）热水器不打火的检修方法

1. 电热水器

（1）检查电压是否正常。

（2）检查控制器是否损坏。

2. 燃气热水器

（1）检查燃气是否充足。

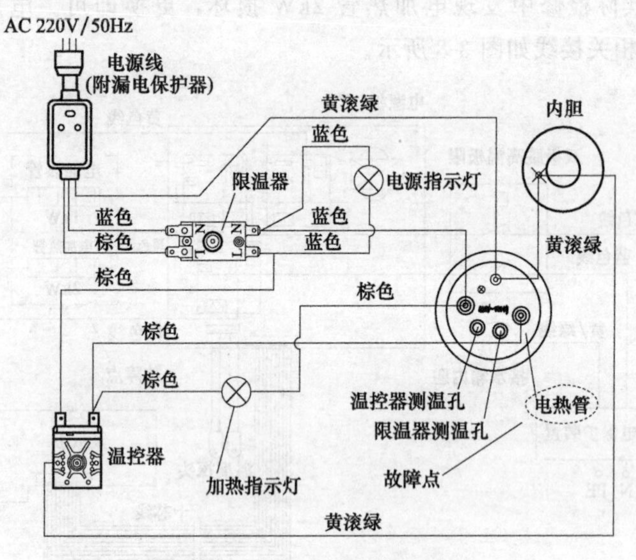

图 3-9　电热管相关接线图

（2）检查脉冲点火器是否损坏。

（3）检查电磁阀是否有异常。

（4）检查打火针与气嘴距离是否不正常。

（二）热水器不打火的检修实例

1. 阿里斯顿 JSQ20-Mi8 型燃气热水器不打火

（1）首先检查燃气比例阀是否打开。

（2）若燃气比例阀已打开，则检查点火器是否损坏。

实际检修中发现点火器损坏，更换即可。点火器相关接线如图 3-10 所示。

2. 海尔 LJSQ20-12N3（12T）热水器不点火

（1）首先检查感应针是否损坏。

（2）若感应针未损坏，则检查点火针是否损坏。

实际检修中发现点火针损坏，更换即可。点火针相关接线如图 3-11 所示。

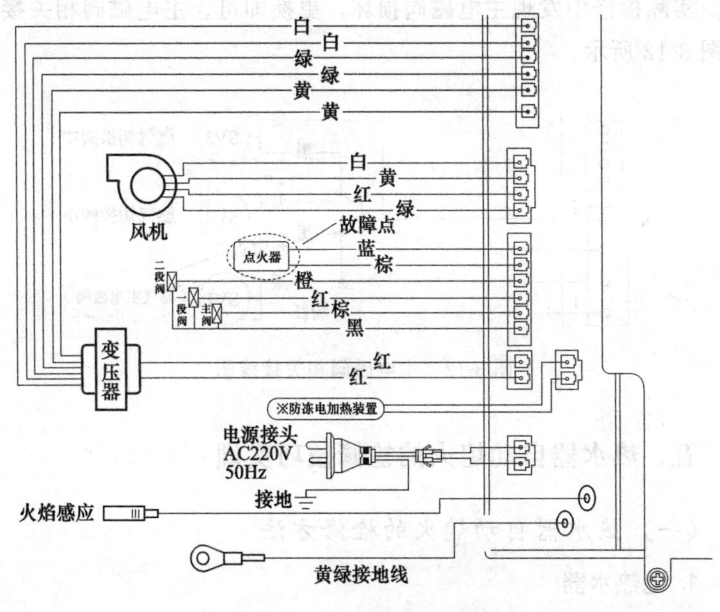

图 3-10　点火器相关接线图

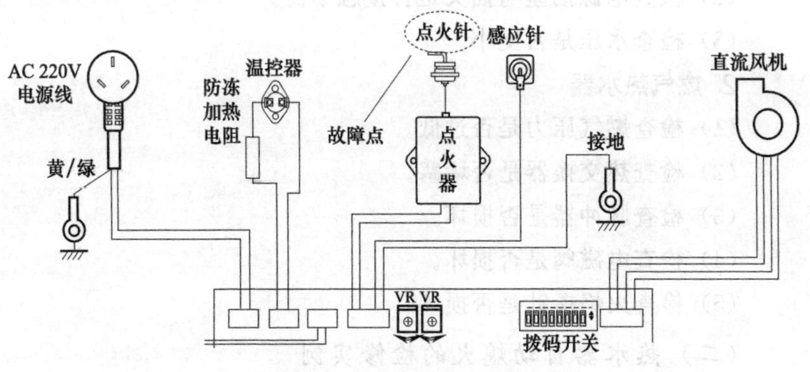

图 3-11　点火针相关接线图

3. 林内 SQ31-CK 型热水器不打火

（1）首先检查点火针是否损坏。

（2）若点火针未损坏，则检查燃气主电磁阀是否损坏。

实际检修中发现主电磁阀损坏，更换即可。主电磁阀相关接线如图 3-12 所示。

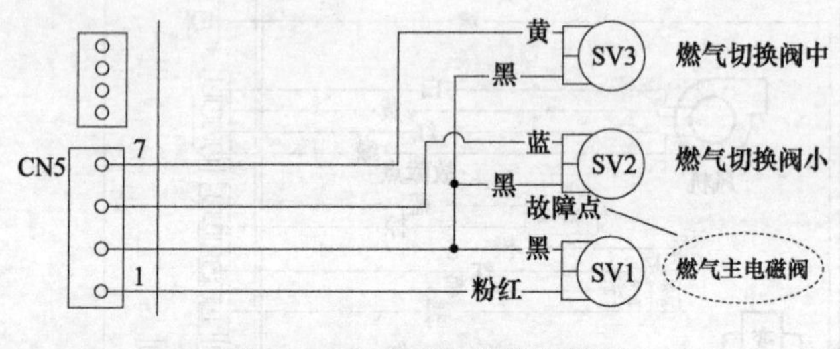

图 3-12 主电磁阀相关接线图

五、热水器自动熄火的检修技巧实训

（一）热水器自动熄火的检修方法

1. 电热水器

（1）检查漏电开关是否损坏。

（2）检查电源插座与插头是否接触不良。

（3）检查水压是否变小。

2. 燃气热水器

（1）检查燃气压力是否过低。

（2）检查热交换器是否堵塞。

（3）检查脉冲器是否损坏。

（4）检查电磁阀是否损坏。

（5）检查火焰探针是否损坏。

（二）热水器自动熄火的检修实例

1. 阿里斯顿 JSQ17-D4D 型燃气热水器自动熄火

（1）首先检查燃气压力是否正常。

（2）若燃气压力正常，则检查电控器是否损坏。

（3）若电控器未损坏，则检查比例阀是否损坏。

实际检修中发现比例阀损坏，更换即可。热水器结构及比例阀位置如图 3-13 所示。

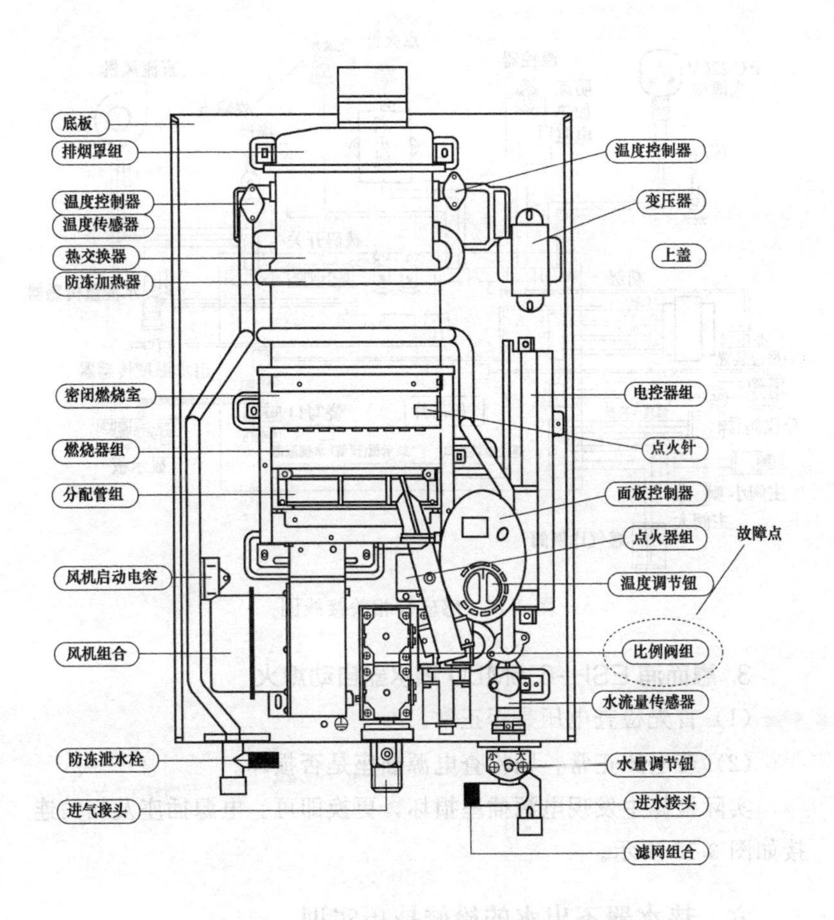

图 3-13　热水器结构及比例阀位置

2. 海尔 JSQ24-Q2（12T）型燃气热水器自动熄火

（1）首先检查电源线是否损坏。

（2）若电源线未损坏，则检查点火器是否损坏。

（3）若点火器未损坏，则检查感应针是否损坏。

实际检修中发现感应针损坏，更换即可。感应针相关接线如图3-14所示。

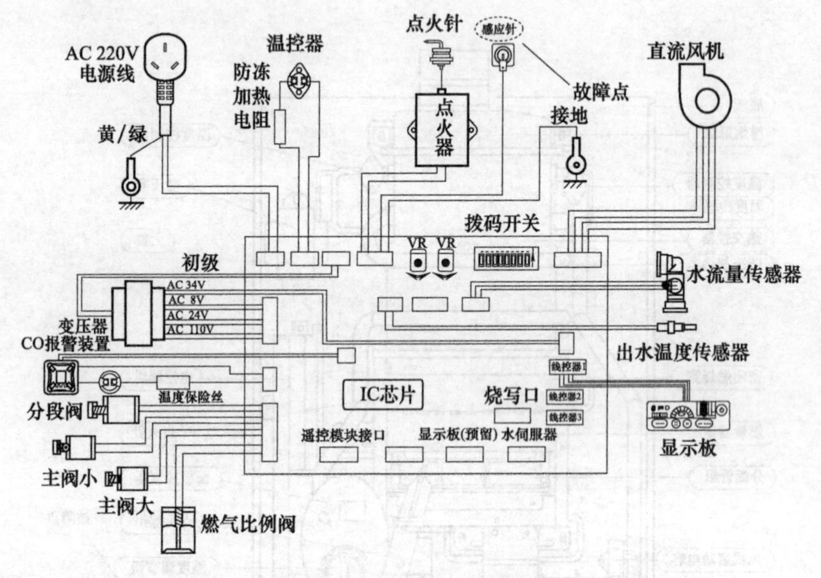

图 3-14　感应针相关接线图

3. 惠而浦 ESH-6.5MLU 热水器自动熄火

(1) 首先检查电压是否正常。

(2) 若电压正常，则检查电源插座是否损坏。

实际检修中发现电源插座损坏，更换即可。电源插座及相关连接如图3-15所示。

六、热水器不出水的检修技巧实训

(一) 热水器不出水的检修方法

(1) 检查水压是否过低或当地是否停水。

(2) 检查出水管是否堵塞或折弯。

(3) 检查花洒是否受堵。

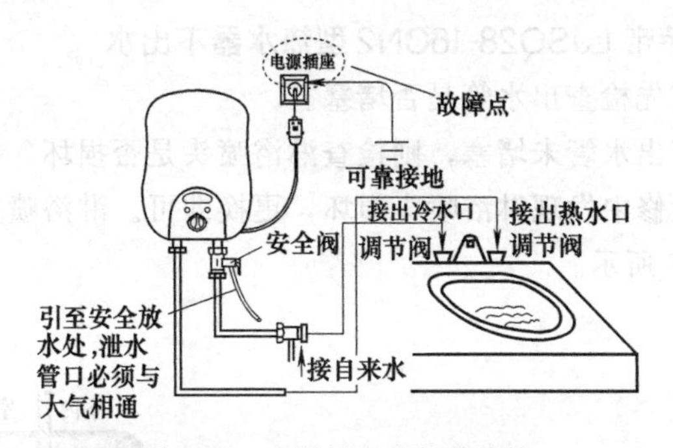

图 3-15　电源插座及相关连接

（4）检查各管路是否有漏水。

（5）检查进水过滤网是否堵塞。

（二）热水器不出水的检修实例

1. 阿里斯顿 JSQ20-12CGi8 型燃气热水器不出水

（1）首先检查水压是否正常。

（2）若水压正常，则检查进水过滤网是否堵塞。

（3）若进水过滤网未堵塞，则检查水流传感器是否损坏。

实际检修中发现水流传感器损坏，更换即可。水流传感器相关接线如图 3-16 所示。

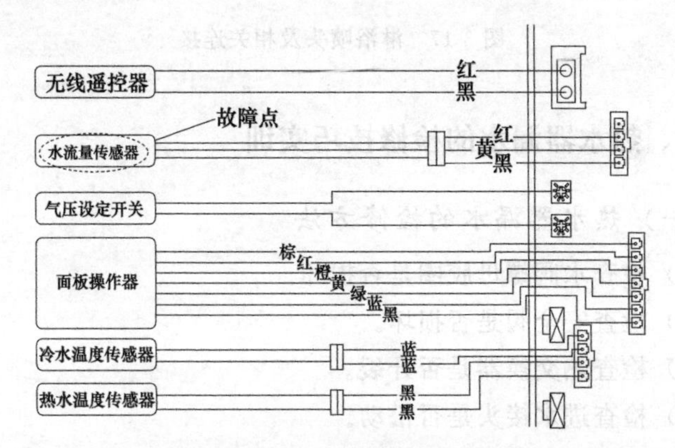

图 3-16　水流传感器相关接线图

2. 卡萨帝 LJSQ28-16CN2 型热水器不出水

（1）首先检查出水管是否堵塞。

（2）若出水管未堵塞，则检查淋浴喷头是否损坏。

实际检修中发现淋浴喷头损坏，更换即可。淋浴喷头及相关连接如图 3-17 所示。

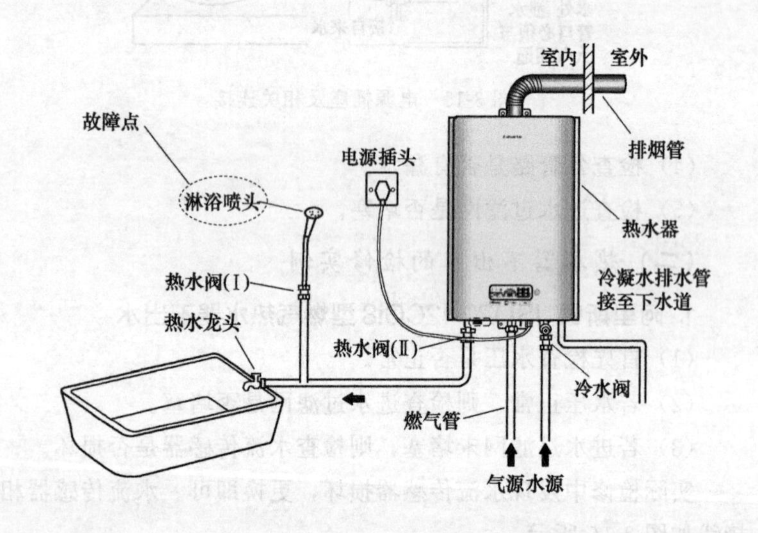

图 3-17 淋浴喷头及相关连接

七、热水器漏水的检修技巧实训

（一）热水器漏水的检修方法

（1）检查水阀螺母胶圈是否损坏。

（2）检查安全阀是否损坏。

（3）检查热交换器是否开裂。

（4）检查进水接头是否松动。

（5）检查管路是否有破裂。

（二）热水器漏水的检修实例

1. 阿里斯顿 JSQ20-12CHi8S 型燃气热水器漏水

（1）首先检查进水管路是否破损。

（2）若未发现破损，则检查冷凝水接头是否松动。

实际检修中发现冷凝水接头松动，重新拧紧即可。热水器结构及冷凝水接头位置如图 3-18 所示。

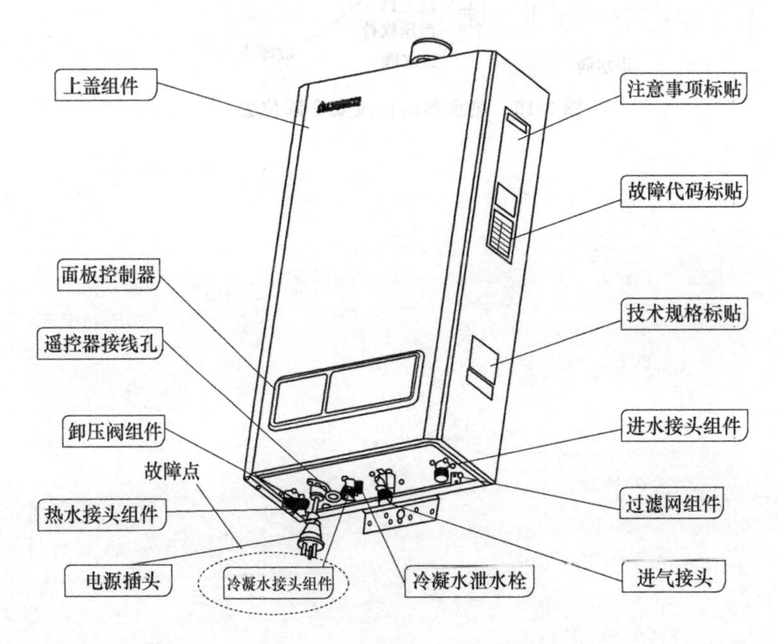

图 3-18 热水器结构及冷凝水接头位置

2. 万和 DSCF100-C12 型电热水器漏水

（1）首先检查进水接头是否松动。

（2）若未松动则检查进水阀是否损坏。

（3）若进水阀未损坏，则检查安全阀是否损坏。

实际检修中发现安全阀损坏，更换即可。热水器结构及安全阀位置如图 3-19 所示。

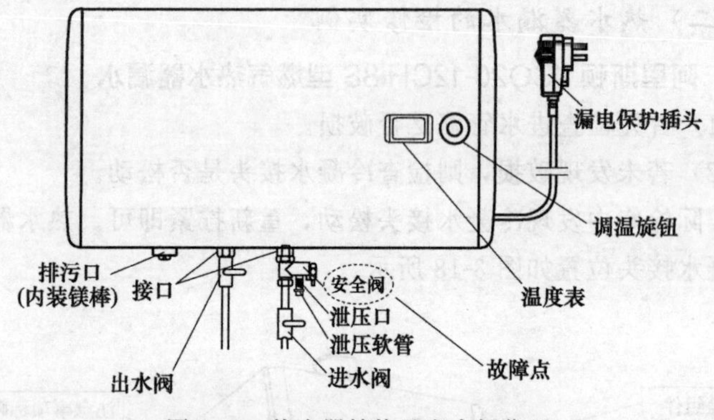

图 3-19 热水器结构及安全阀位置

Chapter 04

维修职业化训练课后练习

课堂一 阿里斯顿热水器故障维修实训

一、机型现象：AH50SH 1.5-Ti+型电热水器不加热

修前准备：此类故障应用电阻检查法进行检修，检修时重点检测电热管。

检修要点：检修时具体检测温控器是否损坏、电热管是否损坏、漏电线圈是否有异常。

资料参考：此例属于电热管损坏，更换即可。电热管相关接线如图 4-1 所示。

二、机型现象：AH80H2.5-Ti3+型电热水器不工作

修前准备：此类故障应用电压检测法和篦梳检查法进行检修，检修时重点检测继电器。

检修要点：检修时具体检测电源电压是否正常、电源插头是否损坏、继电器是否损坏。

资料参考：此例属于继电器 RY2 损坏，更换即可。继电器 RY2 相关接线如图 4-2 所示。

三、机型现象：AH85H1.5Ai 电热水器不能加热

修前准备：此类故障应用篦梳检查法和电压检测法进行检修，

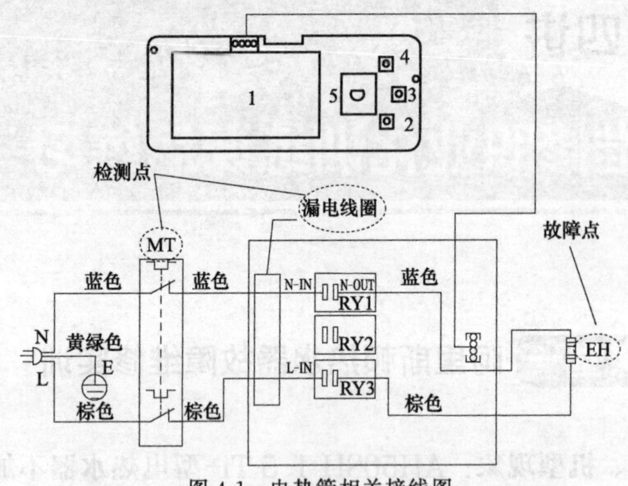

图 4-1 电热管相关接线图

1—显示屏；2—开/关键；3—退出键；4—确认键；5—逻辑开关；

MT—手动复位温控器；EH—电热管；RY—继电器

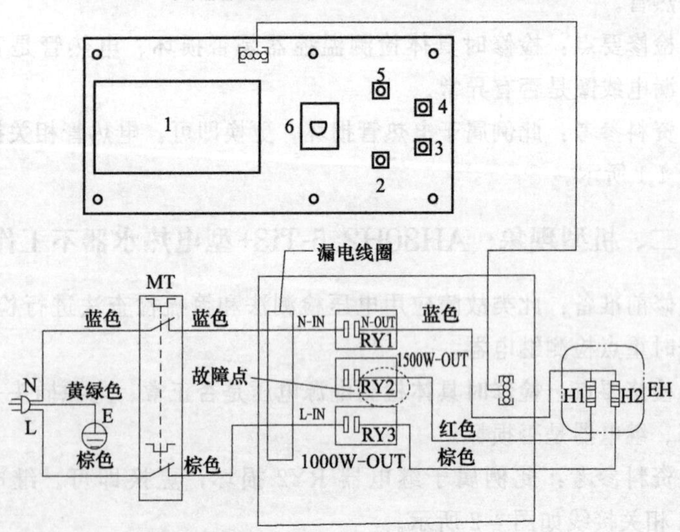

图 4-2 继电器相关接线图

1—显示屏；2—变频键；3—开/关键；4—退出键；5—确认键；6—逻辑开关；

MT—手动复位温控器；EH—电热管；H1—1500W 接线端；

H2—1000W 接线端；RY—继电器

检修时重点检测加热管。

检修要点：检修时具体检测电源电压是否正常，电热管、温控器及电子镁棒是否损坏。

资料参考：此例属于电热管损坏，更换即可。电热管相关接线如图 4-3 所示。

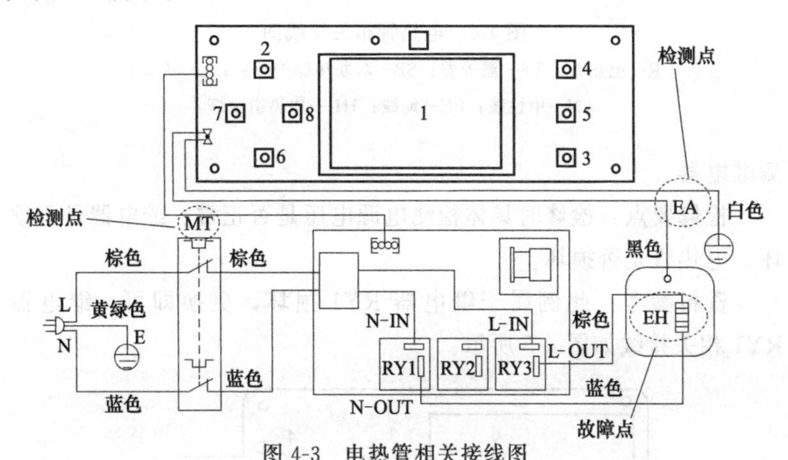

图 4-3 电热管相关接线图

1—显示屏；2—开/关键；3—经济键；4—定时键；5—夜间键；
6—立即加热键；7—加键；8—减键；
MT—手动复位温控器；EH—电热管；RY—继电器；EA—电子镁棒

四、机型现象：AL100H1.5MB 型电热水器出水不热

修前准备：此类故障应用电阻检查法进行检修，检修时重点检测电热管。

检修要点：检修时具体检查加热指示灯是否点亮、电热管是否损坏。

资料参考：此例属于电热管损坏，更换即可。电热管相关接线如图 4-4 所示。

五、机型现象：AM100H 1.5-Ti/T 电热水器加热出冷水

修前准备：此类故障应用电压测量法进行检修，检修时重点检

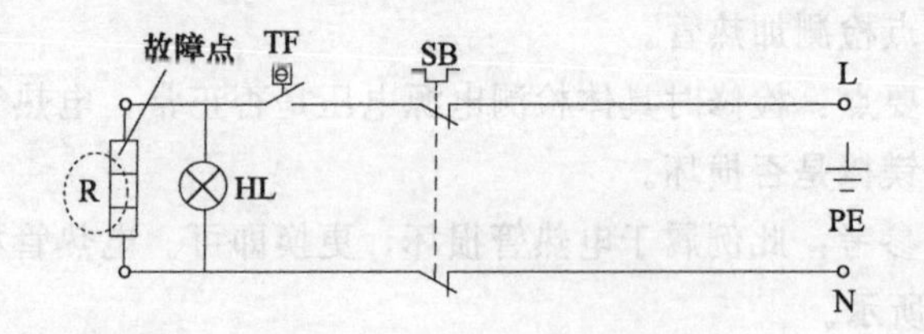

图 4-4 电热管相关接线图

R—电热管；TF—温控器；SB—双联热保护开关；L—火线；N—中性线；PE—地线；HL—加热指示灯

测继电器。

检修要点：检修时具体检测电源电压是否正常、继电器是否损坏、电热管是否损坏。

资料参考：此例属于继电器 RY1 损坏，更换即可。继电器 RY1 相关接线如图 4-5 所示。

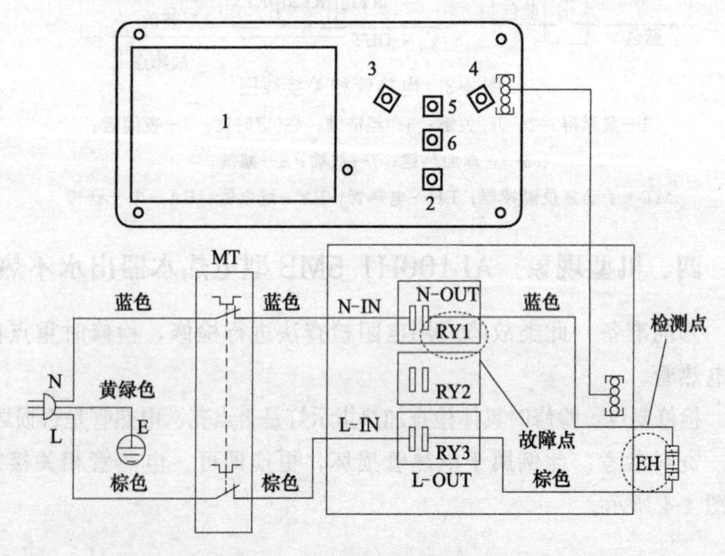

图 4-5 继电器相关接线图

1—显示屏；2—开/关键；3—模式键；4—设定键；5—加键；6—减键；EH—电热管；RY—继电器；MT—手动复位温控器

六、机型现象：AM65H2.5 F3 型电热水器不能加热

修前准备：此类故障应用电阻检查法进行检修，检修时重点检测电热管。

检修要点：检修时具体检测电热管及手动复位温控器是否损坏。

资料参考：此例属于电热管损坏，更换即可。电热管相关接线如图 4-6 所示。

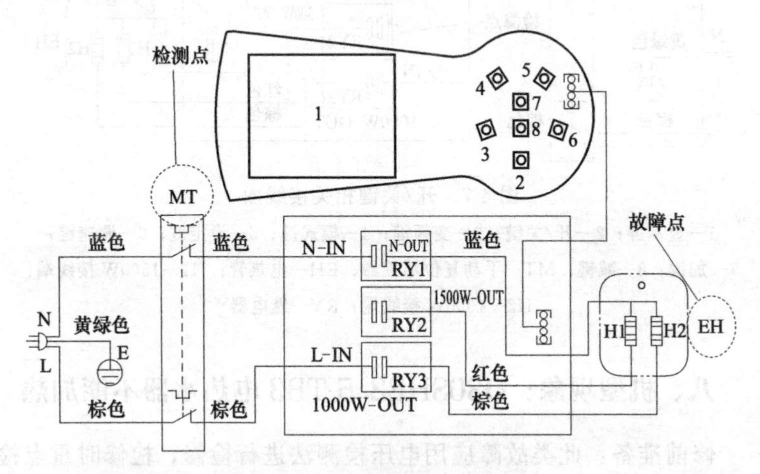

图 4-6　电热管相关接线图

1—显示屏；2—开/关键；3—定时键；4—模式键；5—设定键；6—调速键；7—加键；8—减键；MT—手动复位温控器；EH—电热管；H1—1500W 接线端；H2—1000W 接线端；RY—继电器

七、机型现象：AM80H2.5 Fi3 型电热水器不工作

修前准备：此类故障应用电压检测法进行检修，检修时重点检测开/关键。

检修要点：检修时具体检测电源电压是否正常，开/关键、继电器及加热管是否损坏。

资料参考：此例属于开/关键损坏，更换即可。开关键相关接线如图 4-7 所示。

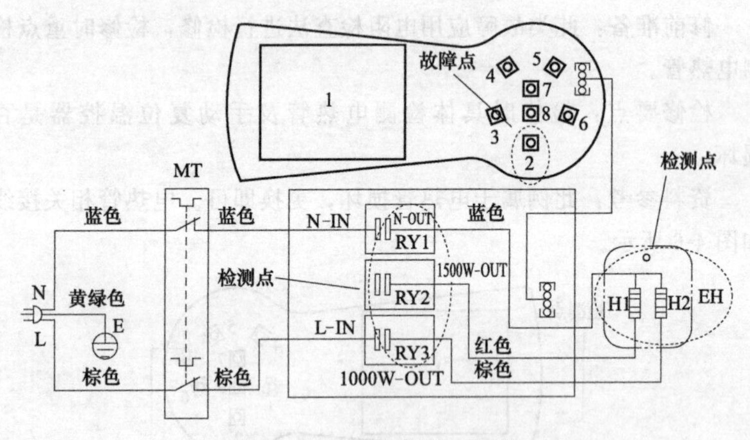

图 4-7 开/关键相关接线图

1—显示屏；2—开/关键；3—变频键；4—模式键；5—设定键；6—调速键；7—加键；8—减键；MT—手动复位温控器；EH—电热管；H1—1500W 接线端；H2—1000W 接线端；RY—继电器

八、机型现象：D30SHE2.5-TB3 电热水器不能加热

修前准备：此类故障应用电压检测法进行检修，检修时重点检测电热管。

检修要点：检修时具体检测电源电压是否正常，温控器、电热管及继电器是否损坏。

资料参考：此例属于电热管损坏，更换即可。电热管相关接线如图 4-8 所示。

九、机型现象：D80HE1.2-TB 型电热水器不工作

修前准备：此类故障应用电压检测法进行检修，检修时重点检测继电器。

检修要点：检修时具体检测电源电压是否正常，继电器及漏电

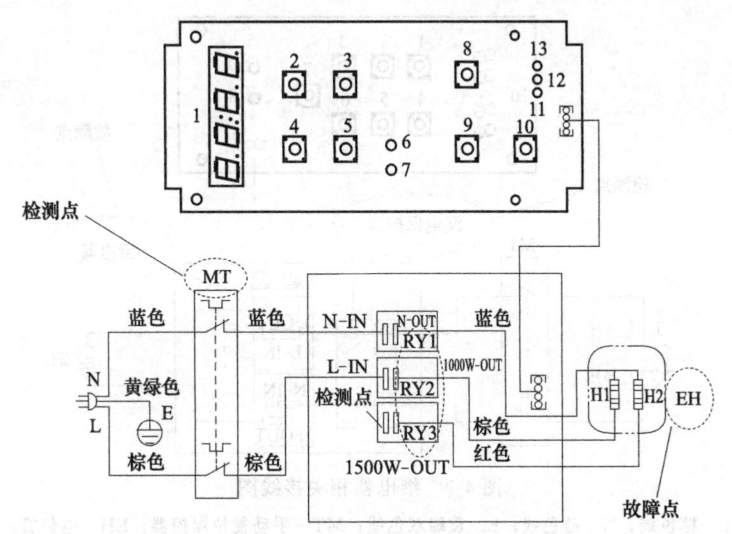

图 4-8 电热管相关接线图

1—显示屏；2—数值增大键；3—功能键；4—数值减小键；5—时钟键；
6—安全自检灯；7—漏电保护灯；8—功率选择键；9—晚间模式键；10—开/关键；
11—加热功率指示灯 1；12—加热功率指示灯 2；13—加热功率指示灯 3；
MT—手动复位温控器；EH—电热管；H1—1000W 接线端；
H2—1500W 接线端；RY—继电器

保护器是否损坏。

资料参考：此例属于继电器损坏，更换即可。继电器相关接线如图 4-9 所示。

十、机型现象：FLAT70VH2.5AG+S 型平板电热水器出水不热

修前准备：此类故障应用电阻检查法进行检修，检修时重点检测进水胆感温探头。

检修要点：检修时具体检测 1500W 加热管与 1000W 加热管是否损坏、出水胆感温探头与进水胆感温探头是否损坏。

资料参考：此例属于进水胆感温探头损坏较为常见，更换即可。进水胆感温探头相关接线如图 4-10 所示。

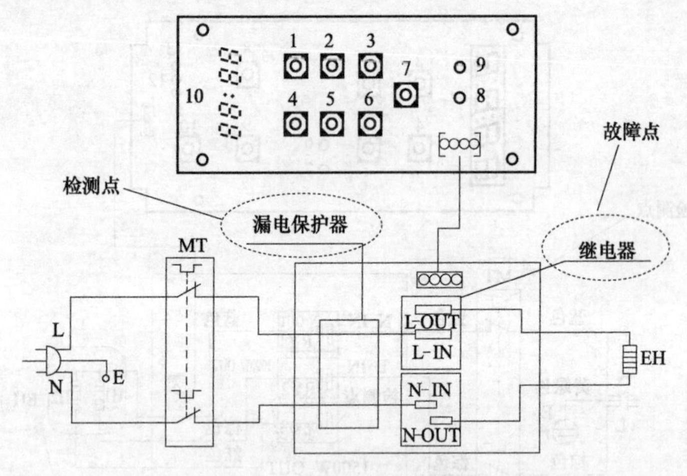

图 4-9 继电器相关接线图

L—棕色线；N—蓝色线；E—黄绿双色线；MT—手动复位温控器；EH—电热管；
1—数值减小键；2—功能键；3—温度显示键；4—数值增大键；5—时钟键；
6—晚间模式键；7—开/关键；8—漏电保护灯；9—安全自检灯；10—显示屏

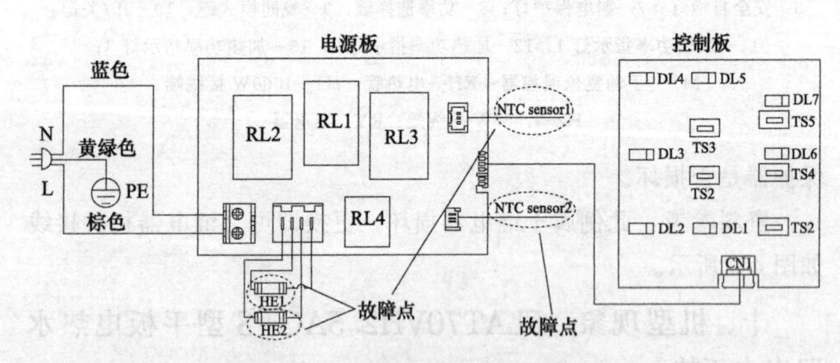

图 4-10 进水胆感温探头相关接线图

RL—继电器；DL—LED 灯；TS—按键；HE1—1500W 加热管；HE2—1000W 加热管；
NTC sensor 1—出水胆感温探头；NTC sensor 2—进水胆感温探头

十一、机型现象：FLATP85VH2.5AG+平板电热水器不工作

修前准备：此类故障应用电压检测法进行检修，检修时重点检

测电源板。

检修要点：检修时具体检测电源电压是否正常，电源板及控制板是否损坏。

资料参考：此例属于电源板损坏，更换即可。电源板相关接线如图 4-11 所示。

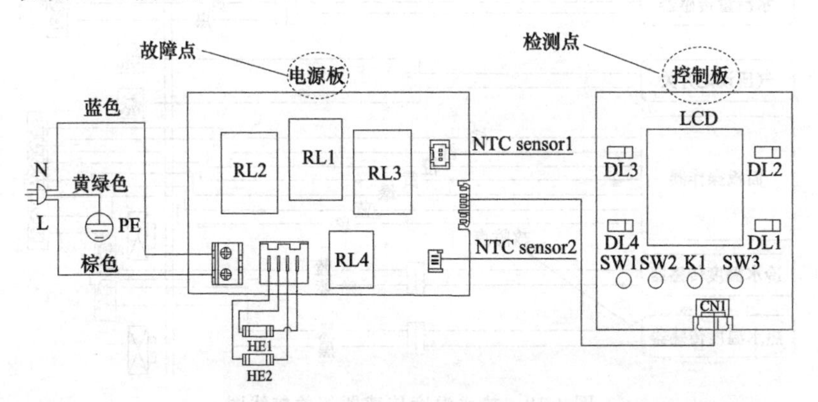

图 4-11　电源板相关接线图

RL—继电器；DL—LED灯；SW—按键；K1—旋钮；HE1—2500W 加热管；HE2—2000W 加热管；NTC sensor 1—出水胆感温探头；NTC sensor 2—进水胆感温探头

十二、机型现象：JSQ20-12GGi8 型燃气热水器水不热

修前准备：此类故障应用篦梳检查法进行检修，检修时重点检测热水温度传感器。

检修要点：检修时具体检测加热按钮及热水温度传感器是否损坏。

资料参考：此例属于热水温度传感器损坏，更换即可。热水温度传感器相关接线如图 4-12 所示。

十三、机型现象：JSQ20-Mi8 燃气热水器不工作

修前准备：此类故障应用电压检测法进行检修，检修时重点检

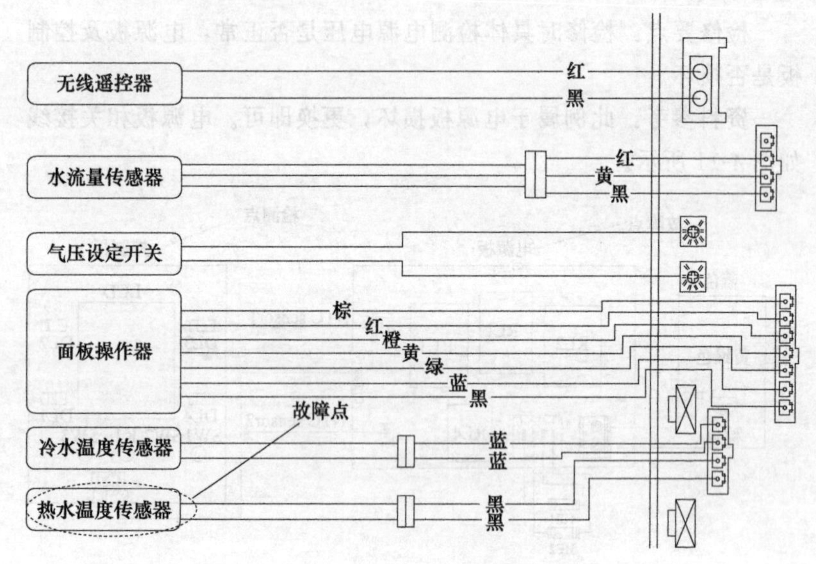

图 4-12 热水温度传感器相关接线图

测变压器。

检修要点：检修时具体检测电源插头处 220V 电压是否正常，变压器和风机是否损坏。

资料参考：此例属于变压器损坏，更换即可。变压器相关接线如图 4-13 所示。

十四、机型现象：JSQ20-Mi8 型燃气热水器不打火

修前准备：此类故障应用篦梳检查法进行检修，检修时重点检测点火针。

检修要点：检修时具体检测点火针组件及点火器组件是否损坏，燃气比例阀是否有异常。

资料参考：此例属于点火针组件损坏，更换即可。热水器结构及点火针组件、点火器组件、燃气比例阀位置如图 4-14 所示。

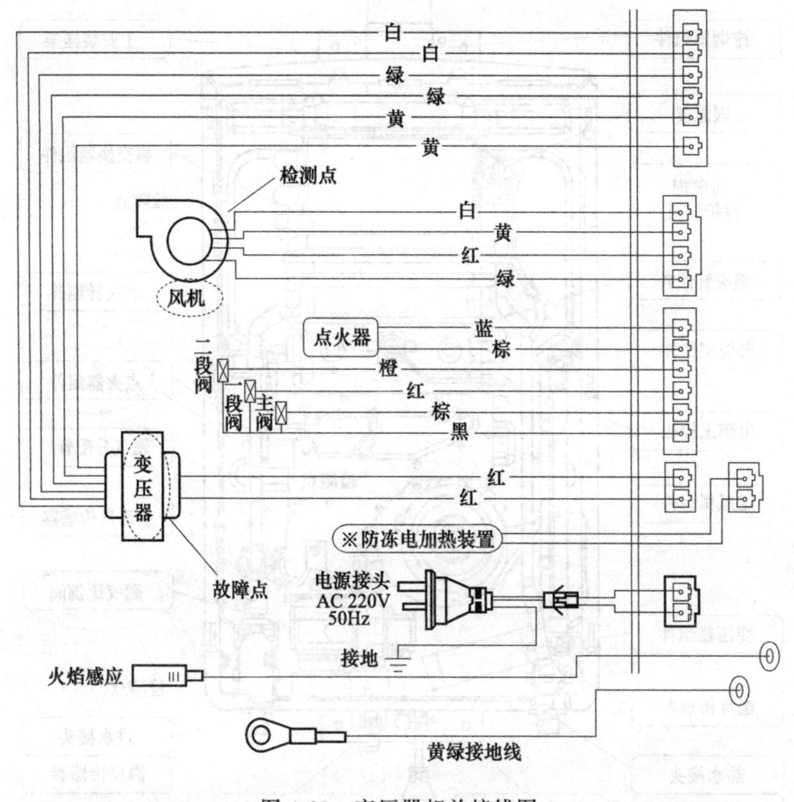

图 4-13 变压器相关接线图

十五、机型现象：RST（R，Y）P120-C 型燃气热水器不能点火

修前准备：此类故障应用篦梳检查法进行检修，检修时重点检测主电磁阀。

检修要点：检修时具体检测主电磁阀、副电磁阀及母火电磁阀是否损坏。

资料参考：此例属于主电磁阀损坏，更换即可。主电磁阀相关接线如图 4-15 所示。

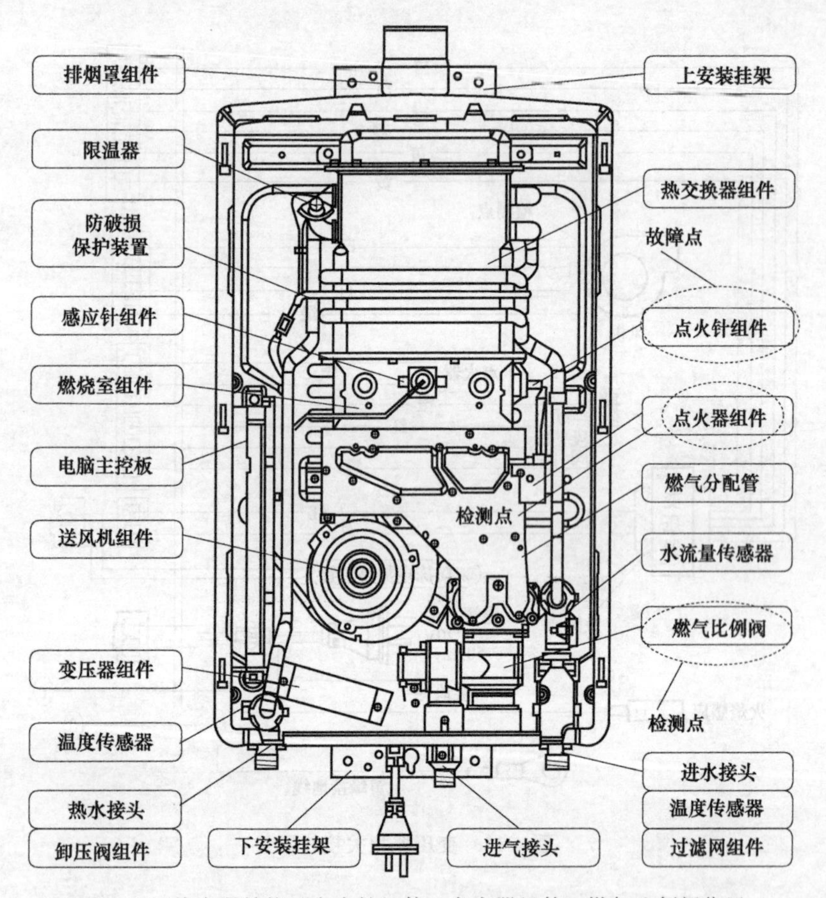

图 4-14　热水器结构及点火针组件、点火器组件、燃气比例阀位置

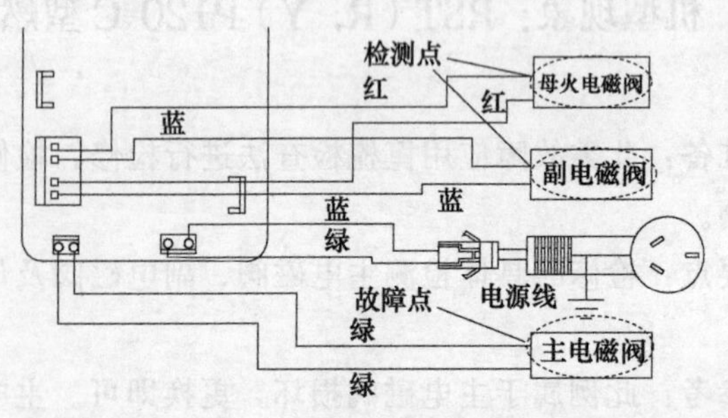

图 4-15　主电磁阀相关接线图

十六、机型现象：RST（R，Y）P120-C 型燃气热水器不能加热

修前准备：此类故障应用电阻检查法进行检修，检修时重点检测温度控制器。

检修要点：检修时具体检测温度熔丝和温度控制器是否损坏，比例阀是否有异常。

资料参考：此例属于温度控制器损坏，更换即可。温度控制器相关接线如图 4-16 所示。

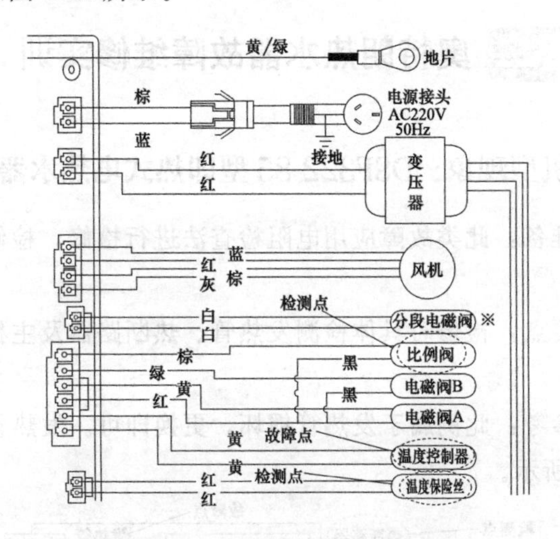

图 4-16 温度控制器相关接线图

十七、机型现象：Y6BE1.5 型电热水器不加热

修前准备：此类故障应用电阻检查法进行检修，检修时重点检测电热管。

检修要点：检修时具体检测电热管 R 和温控器 TF 是否损坏。

资料参考：此例属于电热管 R 损坏，更换即可。电热管 R 相关接线如图 4-17 所示。

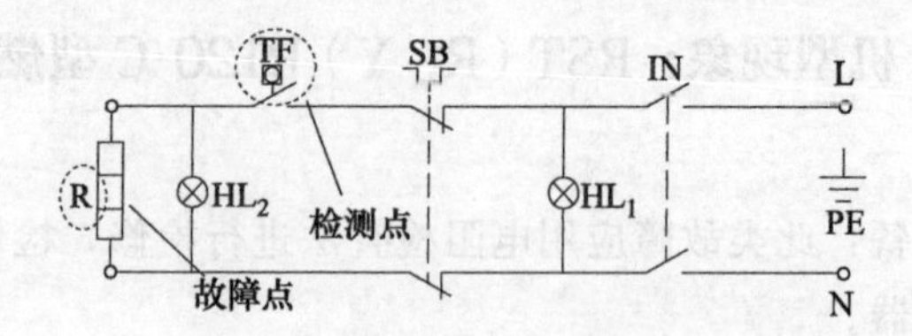

图 4-17 电热管 R 相关接线图

R—电热管；IN—电源开关；TF—温控器；SB—双联热保护开关；L—火线；N—中性线；PE—地线；HL_1—电源指示灯；HL_2—加热指示灯

课堂二 奥特朗热水器故障维修实训

一、机型现象：DSF322-85 型即热式电热水器不能加热

修前准备：此类故障应用电阻检查法进行检修，检修时重点检测发热管。

检修要点：检修时具体检测发热管、热断路器及主板模块是否损坏。

资料参考：此例属于发热管损坏，更换即可。发热管相关接线如图 4-18 所示。

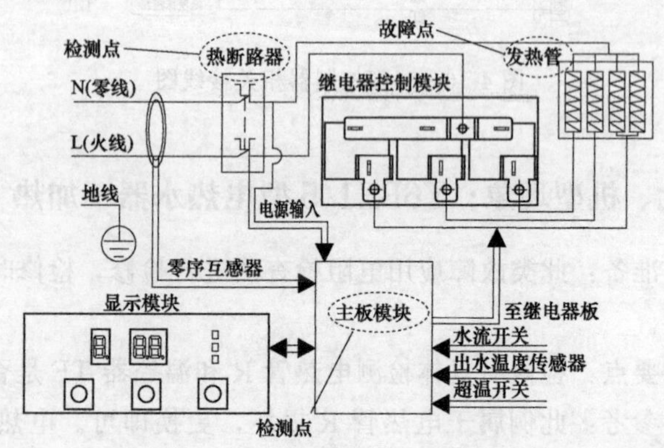

图 4-18 发热管相关接线图

二、机型现象：DSF423-65型热水器不能正常工作

修前准备：此类故障应用电压测量法进行检修，检修时重点检测继电器。

检修要点：检修要具体检测电源电压是否正常、继电器是否损坏、主板模块是否损坏。

资料参考：此例属于继电器损坏，更换即可。继电器相关接线如图4-19所示。

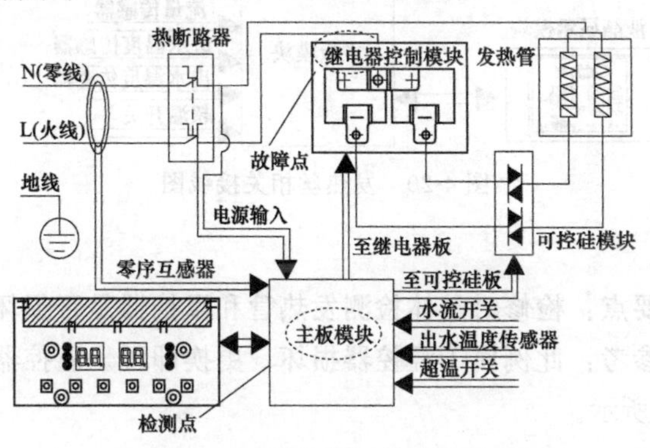

图 4-19　继电器相关接线图

三、机型现象：DSF522型热水器不加热

修前准备：此类故障应用篦梳检查法进行检修，检修时重点检测发热丝。

检修要点：检修时具体检测发热丝、热断路器、控制模块及晶闸管是否损坏。

资料参考：此例属于发热丝损坏，更换即可。发热丝相关接线如图4-20所示。

四、机型现象：HDSF502型热水器加热后出水依然为冷水

修前准备：此类故障应用电阻检查法进行检修，检修时重点检

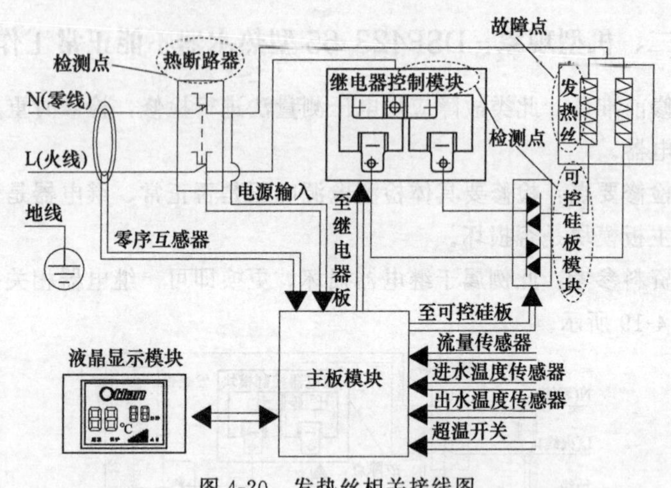

图 4-20　发热丝相关接线图

测发热管。

检修要点：检修时具体检测发热管和温控器是否损坏。

资料参考：此例属于温控器损坏，更换即可。温控器相关接线如图 4-21 所示。

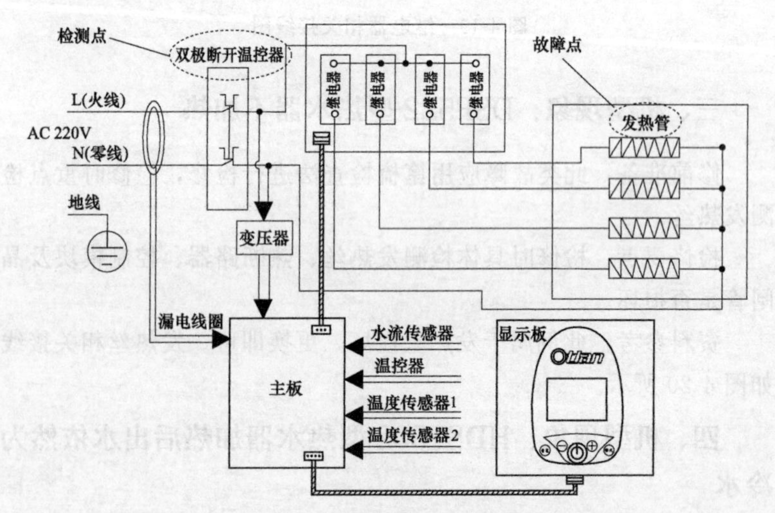

图 4-21　温控器相关接线图

五、机型现象：SDSF502型热水器不工作

修前准备：此类故障应用篦梳检查法进行检修，检修时重点检测变压器。

检修要点：检修时具体检测变压器是否烧坏、继电器是否工作。

资料参考：此例属于变压器损坏，更换即可。变压器相关接线如图 4-22 所示。

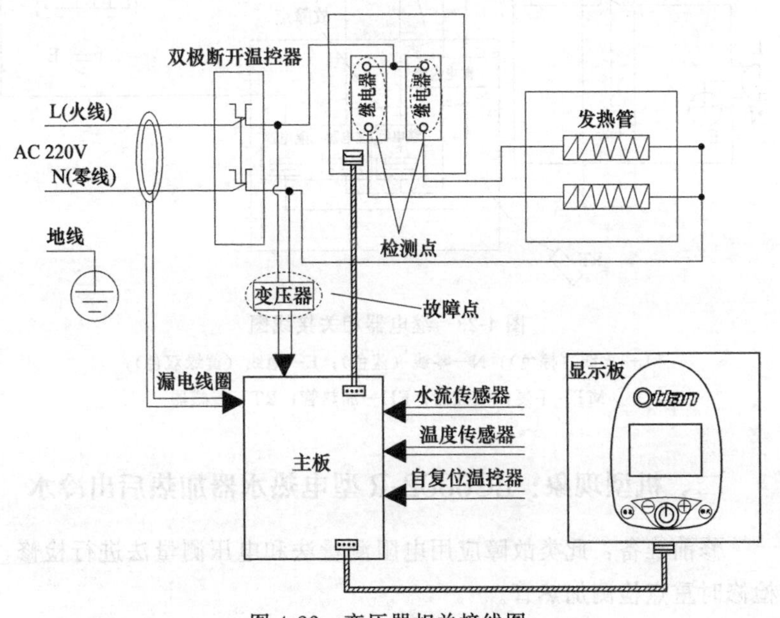

图 4-22 变压器相关接线图

课堂三 海尔热水器故障维修实训

一、机型现象：CD-JTHMG100-Ⅲ型电热水器不能正常工作

修前准备：此类故障应用电压检测法进行检修，检修时重点检

测继电器。

检修要点：检修时具体检测电源电压是否正常、继电器是否损坏、漏电线圈是否有异常。

资料参考：此例属于继电器损坏，更换即可。继电器相关接线如图 4-23 所示。

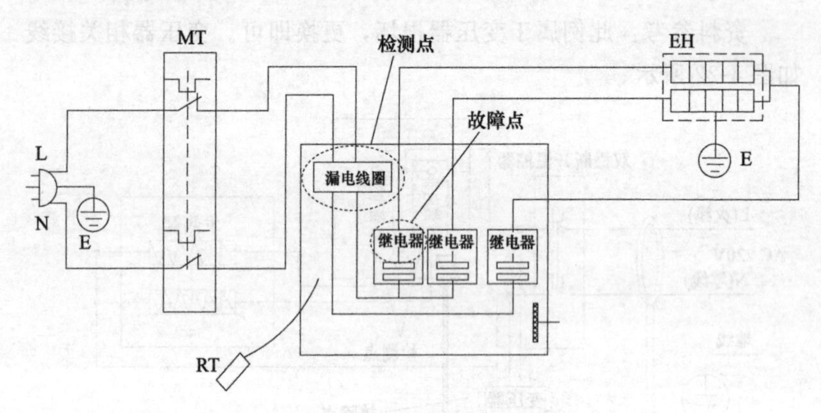

图 4-23 继电器相关接线图

L—火线（棕色）；N—零线（蓝色）；E—地线（黄绿双色）；
MT—手复位温控器；EH—加热管；RT—传感器

二、机型现象：EC6002-R 型电热水器加热后出冷水

修前准备：此类故障应用电阻测量法和电压测量法进行检修，检修时重点检测加热管。

检修要点：检修时具体检测加热管两端阻值是否正常、电源插头两端电源电压是否正常。

资料参考：此例属于加热管损坏，更换即可。加热管相关接线如图 4-24 所示。

三、机型现象：EC8003-G 型电热水器加热不正常

修前准备：此类故障应用电阻检查法进行检修，检修时重点检

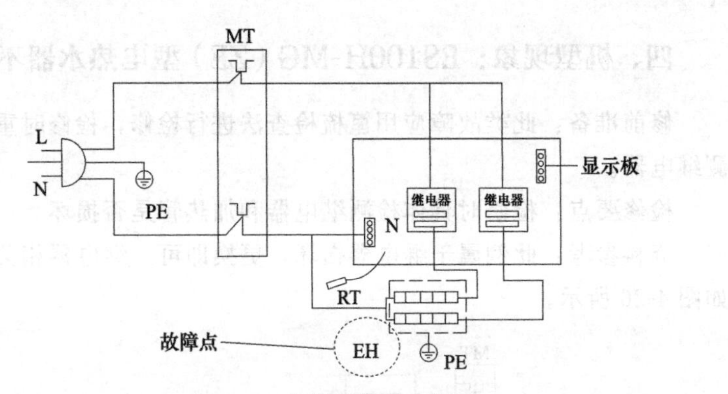

图 4-24 加热管相关接线图

L—火线（棕色）；N—零线（蓝色）；PE—地线（黄绿双色）；
MT—手复位温控器；RT—传感器；EH—加热管

测加热管。

检修要点：检修时具体检测加热管和传感器是否损坏。

资料参考：此例属于加热管损坏，更换即可。加热管相关接线如图 4-25 所示。

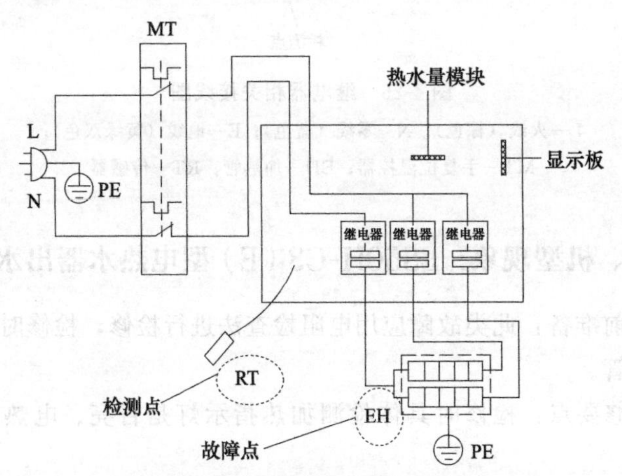

图 4-25 加热管相关接线图

L—火线（棕色）；N—零线（蓝色）；PE—地线（黄绿双色）；
MT—手复位温控器；EH—加热管；RT—传感器

四、机型现象：ES100H-MG（ZE）型电热水器不工作

修前准备：此类故障应用篦梳检查法进行检修，检修时重点检测继电器。

检修要点：检修时具体检测继电器和加热管是否损坏。

资料参考：此例属于继电器损坏，更换即可。继电器相关接线如图 4-26 所示。

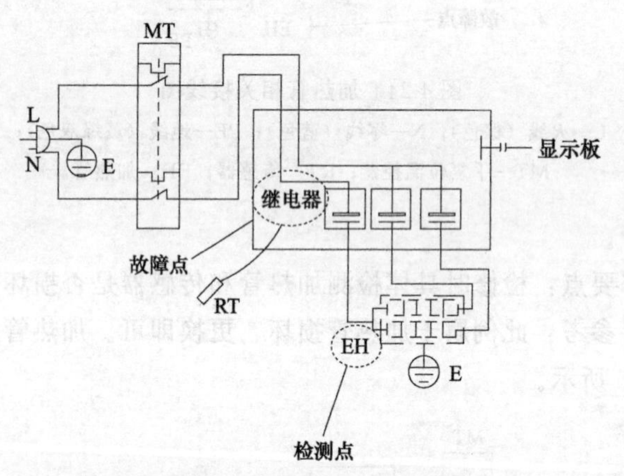

图 4-26 继电器相关接线图

L—火线（棕色）；N—零线（蓝色）；E—地线（黄绿双色）；
MT—手复位温控器；EH—加热管；RT—传感器

五、机型现象：ES50H-C3（E）型电热水器出水不热

修前准备：此类故障应用电阻检查法进行检修，检修时重点检测电热管。

检修要点：检修时具体检测加热指示灯是否亮、电热管是否损坏。

资料参考：此例属于电热管损坏，更换即可。电热管相关接线如图 4-27 所示。

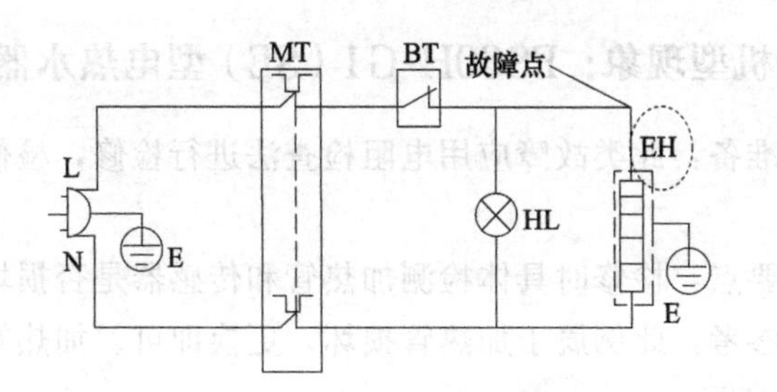

图 4-27　电热管相关接线图

L—火线（棕色）；N—零线（蓝色）；MT—手复位温控器；BT—可调温控器；EH—电热管；HL—加热指示灯；E—地线（黄绿双色）

六、机型现象：ES50H-M5（NE）热水器不能加热

修前准备：此类故障应用篦梳检查法进行检修，检修时重点检测加热管。

检修要点：检修时具体检测加热管是否损坏、电源插头是否松动。

资料参考：此例属于加热管损坏，更换即可。加热管相关接线如图 4-28 所示。

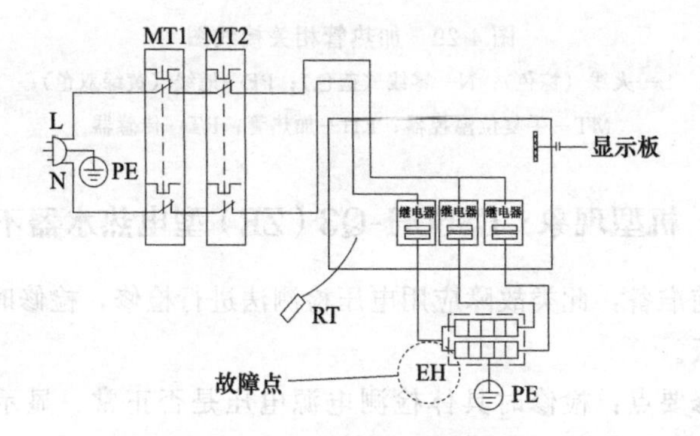

图 4-28　加热管相关接线图

L—火线（棕色）；N—零线（蓝色）；PE—地线（黄绿双色）；MT1/MT2—手复位温控器；EH—加热管；RT—传感器

七、机型现象：ES60H-G1（SE）型电热水器不能加热

修前准备：此类故障应用电阻检查法进行检修，检修时重点检测加热管。

检修要点：检修时具体检测加热管和传感器是否损坏。

资料参考：此例属于加热管损坏，更换即可。加热管相关接线如图 4-29 所示。

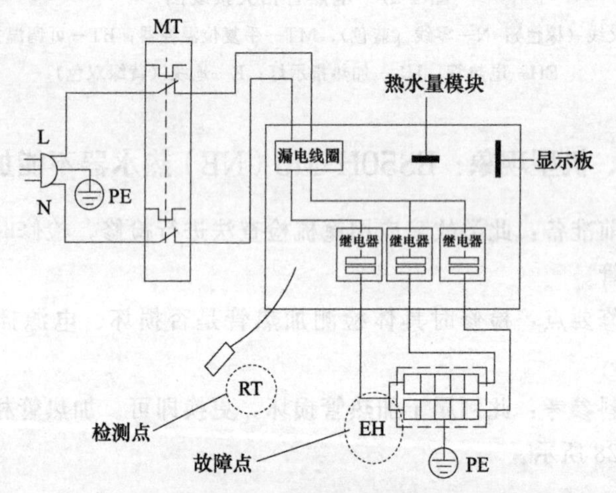

图 4-29 加热管相关接线图

L—火线（棕色）；N—零线（蓝色）；PE—地线（黄绿双色）；
MT—手复位温控器；EH—加热管；RT—传感器

八、机型现象：ES60H-Q3（ZE）型电热水器不显示

修前准备：此类故障应用电压检测法进行检修，检修时重点检测显示板。

检修要点：检修时具体检测电源电压是否正常、显示板是否损坏。

资料参考：此例属于显示板损坏，更换即可。显示板相关接线如图 4-30 所示。

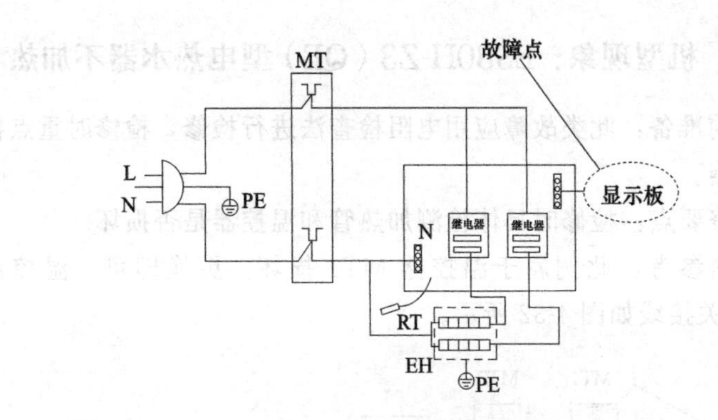

图 4-30　显示板相关接线图

L—火线（棕色）；N—零线（蓝色）；PE—地线（黄绿双色）；

MT—手复位温控器；RT—传感器；EH—加热管

九、机型现象：ES80H-QB（ME）型电热水器不加热

修前准备：此类故障应用电压检测法进行检修，检修时重点检测电热管。

检修要点：检修时具体检测电源电压是否正常、电热管是否损坏。

资料参考：此例属于电热管损坏，更换即可。电热管相关接线如图 4-31 所示。

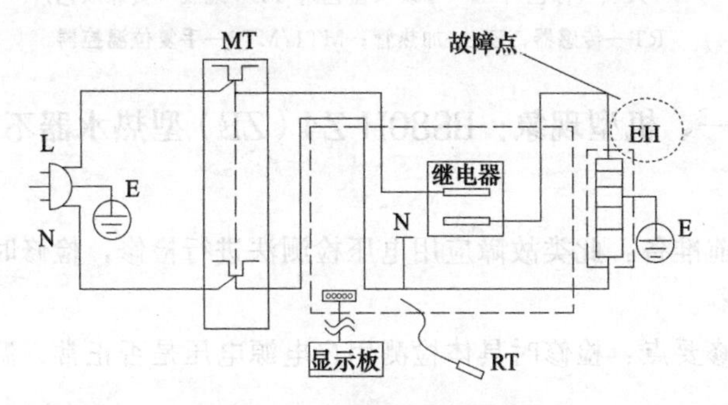

图 4-31　电热管相关接线图

L—火线（棕色）；N—零线（蓝色）；E—地线（黄绿双色）；

MT—手复位温控器；RT—传感器；EH—电热管

十、机型现象：ES80H-Z3（QE）型电热水器不加热

修前准备：此类故障应用电阻检查法进行检修，检修时重点检测温控器。

检修要点：检修时具体检测加热管和温控器是否损坏。

资料参考：此例属于温控器 MT1 损坏，更换即可。温控器 MT1 相关接线如图 4-32 所示。

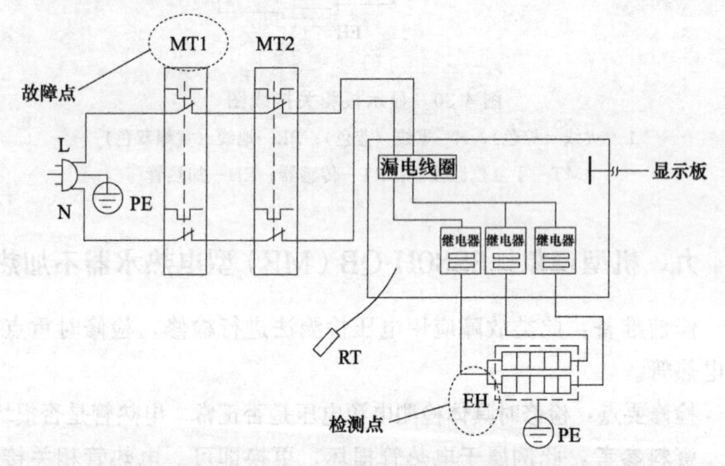

图 4-32　温控器相关接线图

L—火线（棕色）；N—零线（蓝色）；PE—地线（黄绿双色）；
RT—传感器；EH—加热管；MT1/MT2—手复位温控器

十一、机型现象：ES80H-Z4（ZE）型热水器不能正常工作

修前准备：此类故障应用电压检测法进行检修，检修时重点检测温控器。

检修要点：检修时具体检测用户电源电压是否正常、温控器是否损坏。

资料参考：此例属于温控器损坏，更换即可。温控器相关接线如图 4-33 所示。

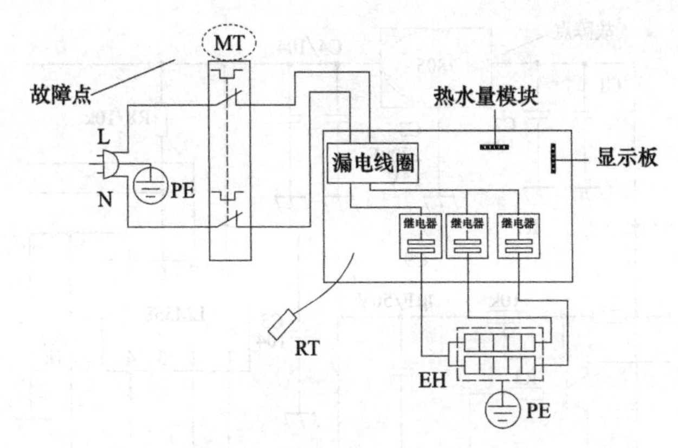

图 4-33　温控器相关接线图

L—火线（棕色）；N—零线（蓝色）；PE—地线（黄绿双色）；
MT—手复位温控器；EH—加热管；RT—传感器

十二、机型现象：FCD-JTH60-Ⅱ型电热水器水不热

修前准备：此类故障应用直观检测法和电压检测法进行检修，检修时重点检测主控制电路板。

检修要点：检修时拆机观察电容是否鼓包、稳压 IC（7805）输出电压是否正常。

资料参考：此例属于稳压 IC（7805）损坏，更换即可。IC（7805）相关电路如图 4-34 所示。

十三、机型现象：FCD-JTHC50-Ⅲ型储水式电热水器不出水

修前准备：此类故障应用电阻检测法进行检修。检修时重点检测 IC1（MC14069）。

检修要点：检修时具体检测水位开关是否开启、IC1（MC14069）是否损坏。

资料参考：此例属于 IC1（MC14069）损坏，更换即可。IC1（MC14069）相关电路如图 4-35 所示。

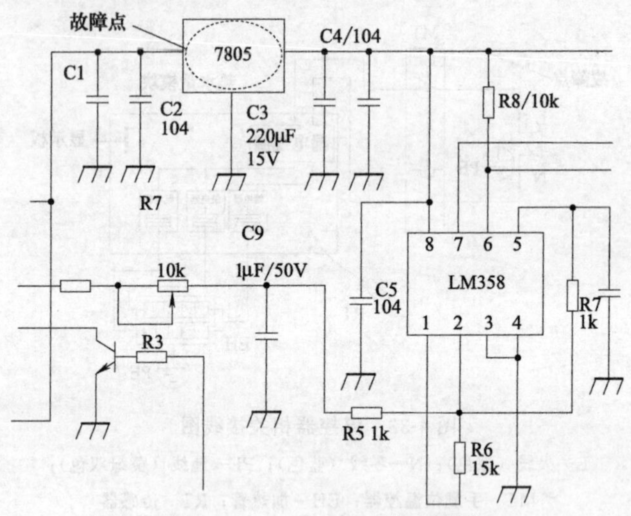

图 4-34 IC（7805）相关电路图

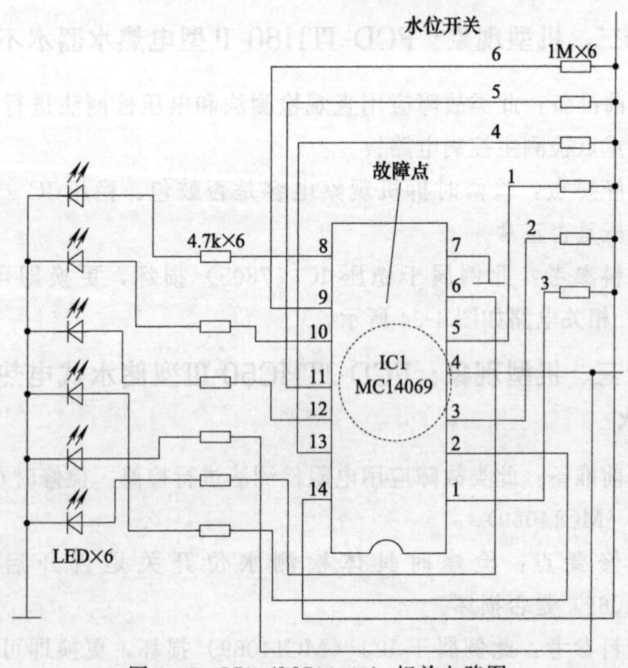

图 4-35 IC1（MC14069）相关电路图

十四、机型现象：FCD-JTHC50-Ⅲ型储水式热水器出水不热

修前准备：此类故障应用电阻检测法进行检修，检修时重点检测温控器。

检修要点：检修时具体检测电热元件电阻值是否为 24～48Ω、冷热水阀是否损坏、温控器是否损坏、电源插头或开关是否有接触不良。

资料参考：此例属于温控器损坏，更换即可。温控器相关电路如图 4-36 所示。

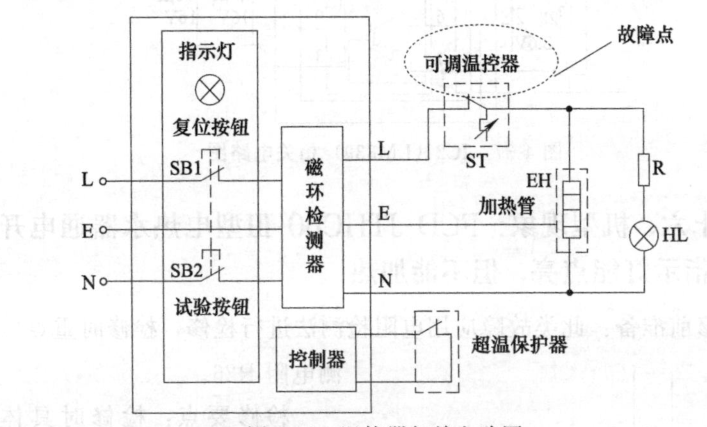

图 4-36　温控器相关电路图

十五、机型现象：FCD-JTHC50-Ⅲ型储水式热水器加热不正常

修前准备：此类故障应用篦梳检查法进行检修，检修时重点检测 IC2（LM339）。

检修要点：检修时具体检测 VT（9013）、KA 及 IC2（LM339）是否损坏。

资料参考：此例属于 IC2（LM339）损坏，更换即可。IC2（LM339）相关电路如图 4-37 所示。

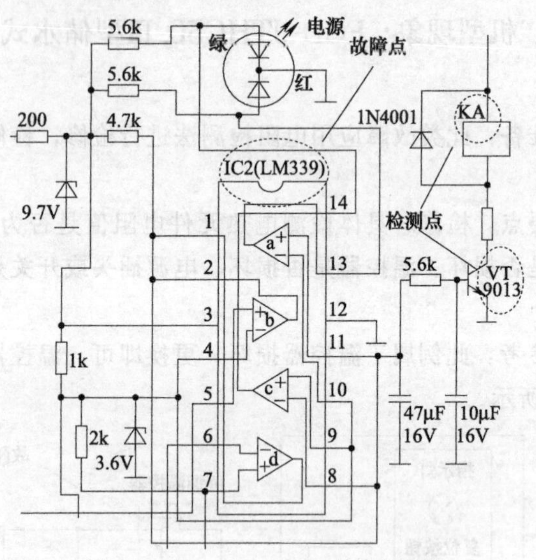

图 4-37　IC2（LM339）相关电路图

十六、机型现象：FCD-JTHC60-Ⅲ型电热水器通电开机红指示灯能点亮，但不能加热

修前准备：此类故障应用电阻检测法进行检修，检修时重点检测电阻 R26。

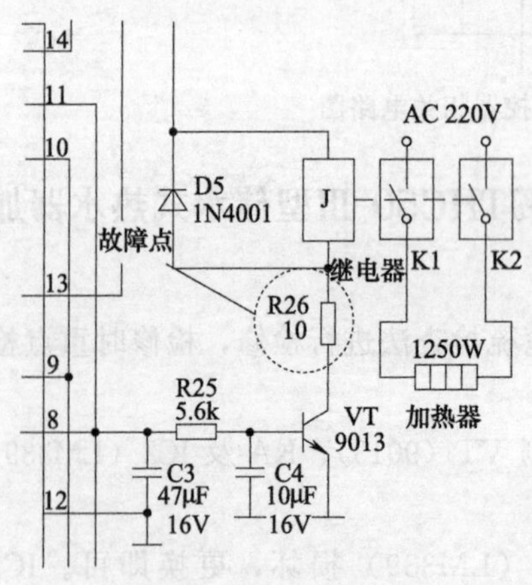

图 4-38　R26 相关电路图

检修要点：检修时具体检测电热管与电源之间的插件是否烧蚀、加热器两引脚之间的电阻值是否正常、继电器两端的电阻值是否有异常、继电器下端所接的电阻 R26 是否损坏。

资料参考：此例属于电阻 R26 开路，更换即可。R26 相关电路如图 4-38 所示。

十七、机型现象：FCD-JTHQA50-Ⅲ（E）型电热水器出水温度不热

修前准备：此类故障应用电压测量法进行检修，检修时重点检测电热管。

检修要点：检修时具体检测电热管和可调温控器是否损坏。

资料参考：此例属于电热管损坏，更换即可。电热管相关接线如图 4-39 所示。

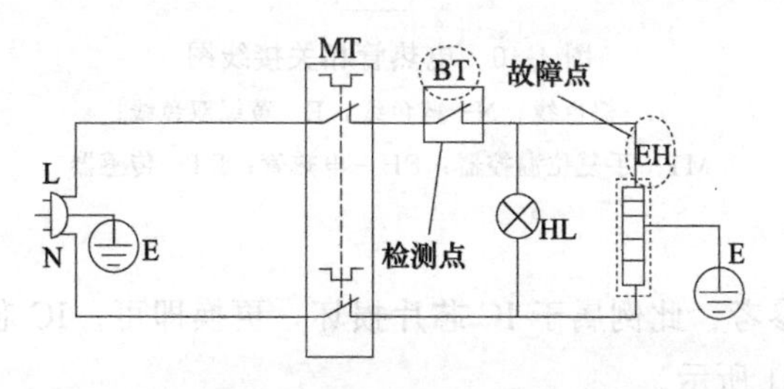

图 4-39 电热管相关接线图

L—火线（棕色）；N—零线（蓝色）；MT—手复位温控器；BT—可调温控器；HL—加热指示灯；EH—电热管；E—地线（黄绿双色）

十八、机型现象：FCD-XJTHA100-Ⅱ电热水器不能加热

修前准备：此类故障应用篦梳检查法进行检修，检修时重点检测电热管。

检修要点：检修时具体检测电热管和传感器是否损坏。

资料参考：此例属于电热管损坏，更换即可。电热管相关接线如图 4-40 所示。

十九、机型现象：JSQ16-P 型热水器不工作

修前准备：此类故障应用篦梳检查法进行检修，检修时重点检测 IC 芯片。

检修要点：检修时具体检测 IC 芯片、燃气比例阀及变压器是

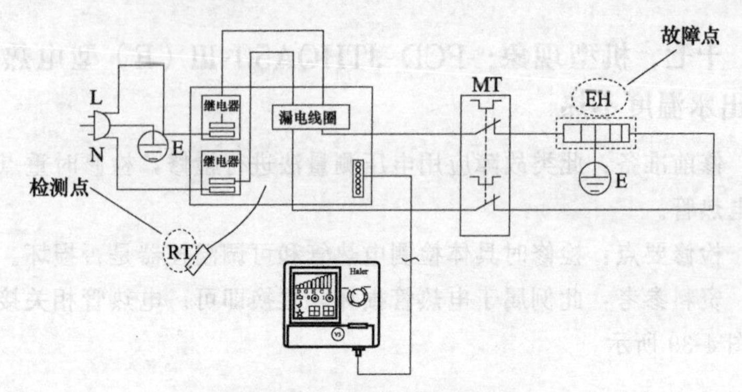

图 4-40　电热管相关接线图

L—棕色线；N—蓝色线；E—黄绿双色线；

MT—手复位温控器；EH—电热管；RT—传感器

否损坏。

资料参考：此例属于 IC 芯片损坏，更换即可。IC 芯片相关接线如图 4-41 所示。

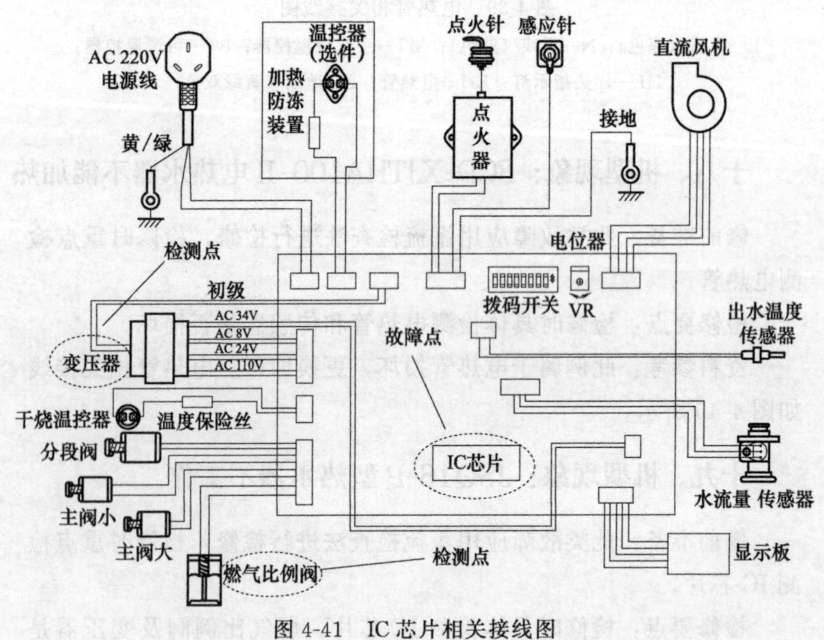

图 4-41　IC 芯片相关接线图

二十、机型现象：JSQ20-ATC（Y）型燃气热水器不启动

修前准备：此类故障应用篦梳检查法进行检修，检修时重点检测风机电容。

检修要点：检修时具体检测控制器、熔丝管及风机电容是否损坏。

资料参考：此例属于风机电容损坏，更换即可。风机电容相关接线如图 4-42 所示。

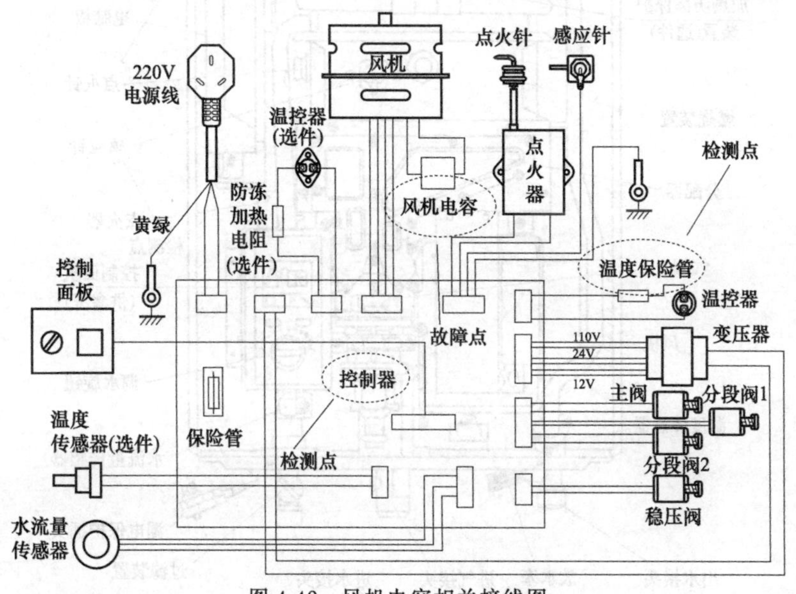

图 4-42　风机电容相关接线图

二十一、机型现象：JSQ20-ATC（Y）型燃气热水器自动熄火

修前准备：此类故障应用篦梳检查法进行检修，检修时重点检测点火针。

检修要点：检修时具体检测点火针和感应针是否损坏。

资料参考：此例属于点火针损坏，更换即可。热水器结构及点

火针、感应针位置如图 4-43 所示。

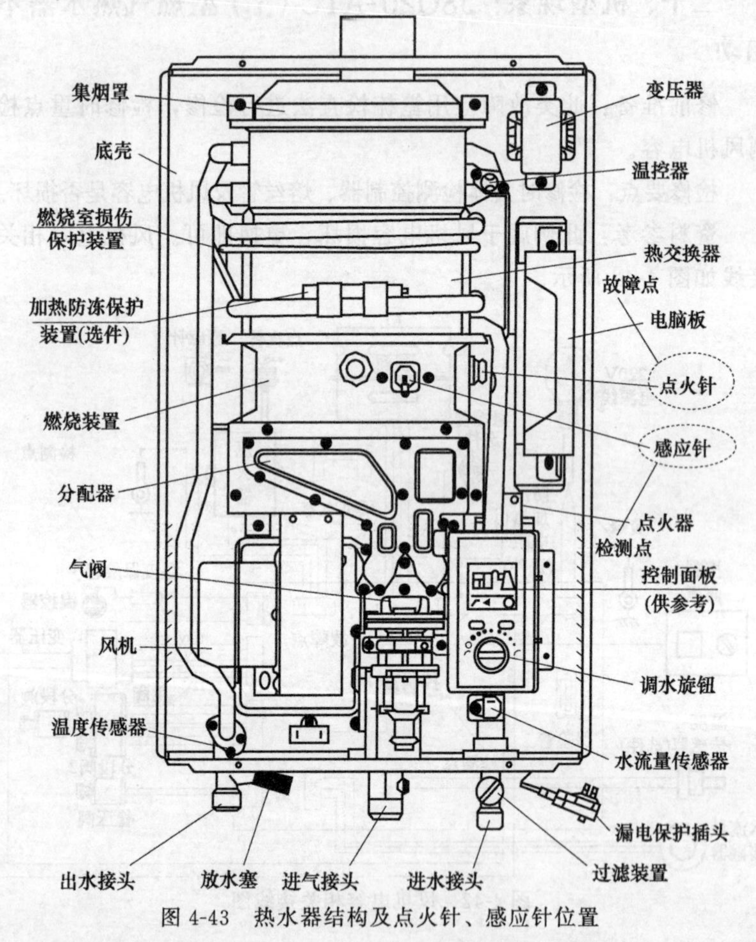

图 4-43　热水器结构及点火针、感应针位置

二十二、机型现象：LJSQ20-12N3（12T）型热水器不打火

修前准备：此类故障应用篦梳检查法进行检修，检修时重点检测点火器。

检修要点：检修时具体检测点火器和感应针是否损坏。

资料参考：此例属于点火器损坏，更换即可。点火器相关接线如图 4-44 所示。

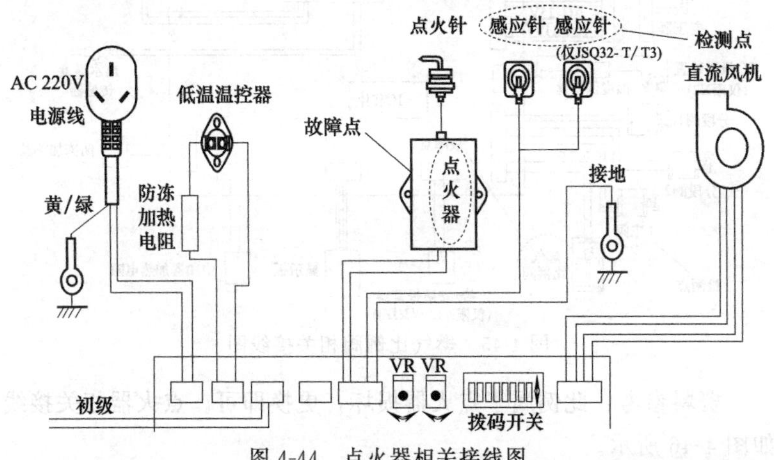

图 4-44 点火器相关接线图

二十三、机型现象：LJSQ20-12N3（12T）型热水器不工作

修前准备：此类故障应用直观检查法进行检修，检修时重点检测燃气比例阀。

检修要点：检修时具体检测燃气比例阀是否打开、主阀是否损坏。

资料参考：此例属于燃气比例阀未打开，打开后即可。燃气比例阀相关接线如图 4-45 所示。

二十四、机型现象：LJSQ20-12X2（12T）型燃气热水器不能打火

修前准备：此类故障应用篦梳检查法进行检修，检修时重点检测点火器。

检修要点：检修时具体检测点火器、点火针以及感应针是否损坏，煤气比例阀是否打开。

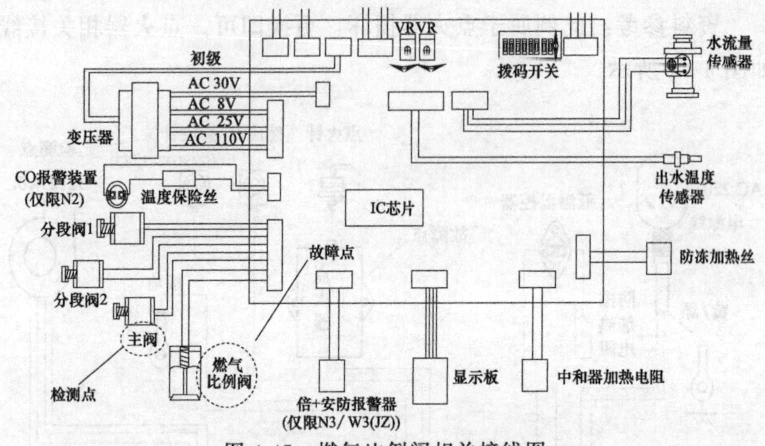

图 4-45 燃气比例阀相关接线图

资料参考：此例属于点火器损坏，更换即可。点火器相关接线如图 4-46 所示。

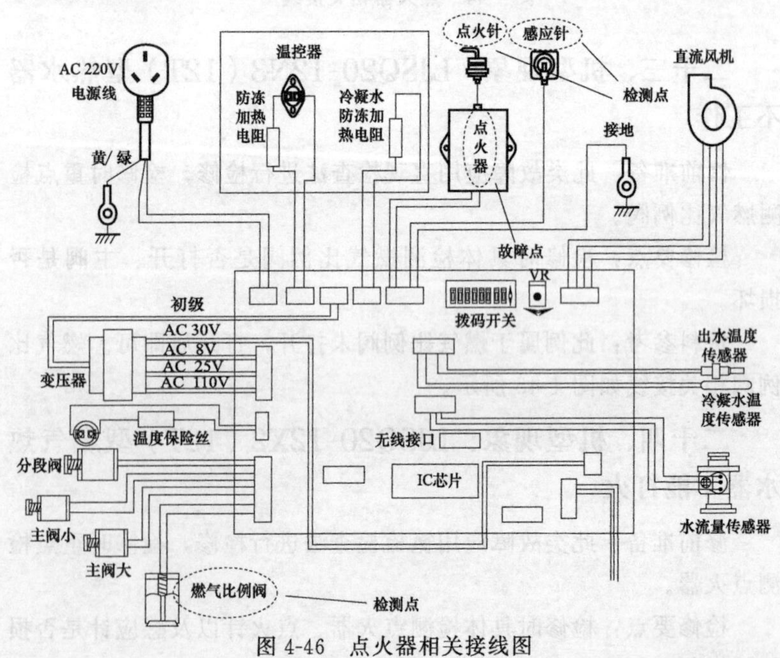

图 4-46 点火器相关接线图

课堂四 惠而浦热水器故障维修实训

一、机型现象：ESH-100MS 型热水器不加热

修前准备：此类故障应用篦梳检查法进行检修，检修时重点检测发热体。

检修要点：检修时具体检测发热体 1 及发热体 2 是否损坏，温控器及热断路器是否损坏。

资料参考：此例属于发热体 1 损坏，更换即可。发热体 1 相关接线如图 4-47 所示。

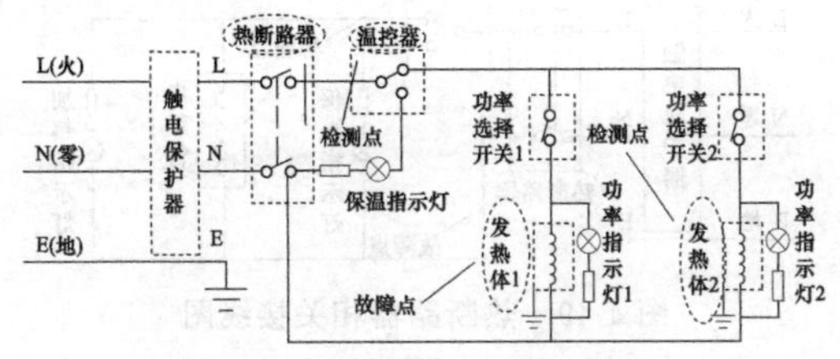

图 4-47 发热体 1 相关接线图

二、机型现象：ESH-40MA 型热水器出水不热

修前准备：此类故障应用直观检查法和篦梳检查法进行检修，检修时重点检测温控器。

检修要点：检修时具体检测加热指示灯是否亮，电热元件及温控器是否损坏。

资料参考：此例属于温控器损坏，更换即可。温控器相关接线如图 4-48 所示。

三、机型现象：ESH-6.5MLU 型热水器出水温度达不到设定温度

修前准备：此类故障应用电阻检查法进行检修，检修时重点检

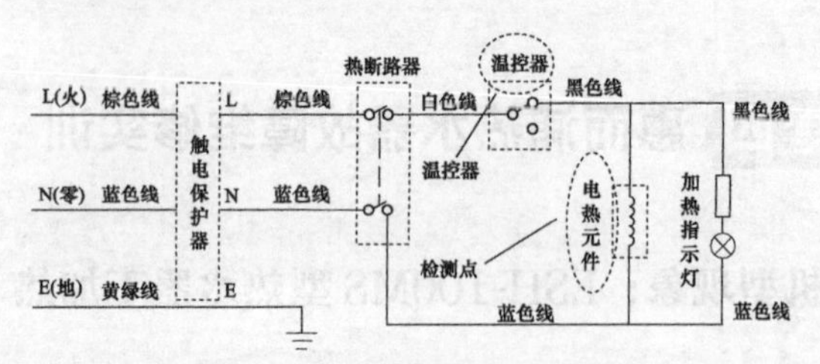

图 4-48 温控器相关接线图

测热断路器是否损坏。

检修要点：检修时具体检测热断路器、温控器以及电热管是否损坏。

资料参考：此例属于热断路器损坏，更换即可。热断路器相关接线如图 4-49 所示。

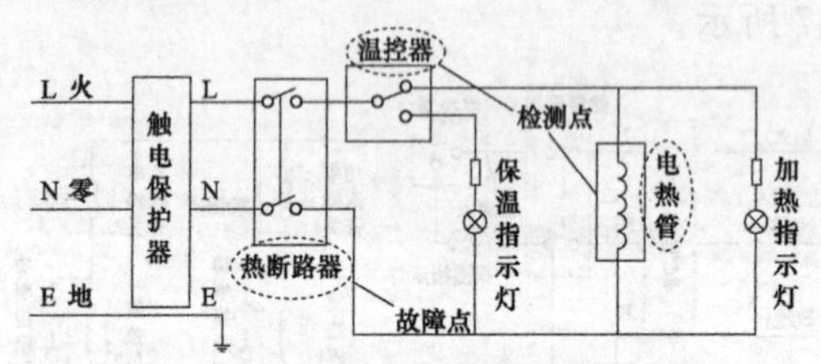

图 4-49 热断路器相关接线图

四、机型现象：JSQ16-Y85 型热水器不加热

修前准备：此类故障应用篦梳检查法进行检修，检修时重点检测温控开关。

检修要点：检修时具体检测温控开关、电源变压器以及主控制器是否损坏。

资料参考：此例属于温控开关损坏，更换即可。温控开关相关接线如图 4-50 所示。

五、机型现象：JSQ18-T9R 型热水器自动熄火

修前准备：此类故障应用篦梳检查法进行检修，检修时重点检测脉冲点火器。

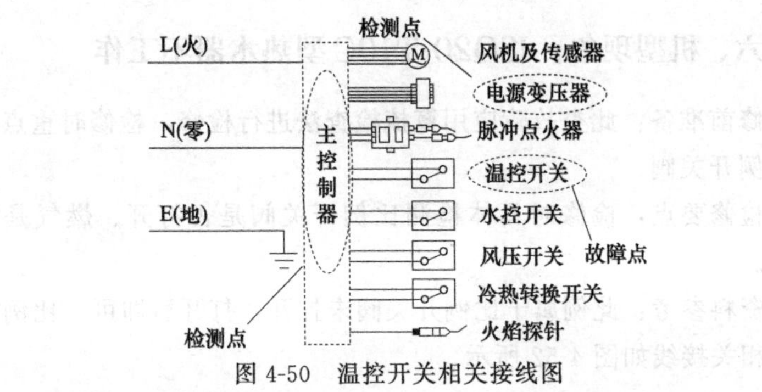

图 4-50　温控开关相关接线图

检修要点：检修时具体检测点火针、火焰探针以及脉冲点火器是否损坏。

资料参考：此例属于脉冲点火器损坏，更换即可。脉冲点火器相关接线如图 4-51 所示。

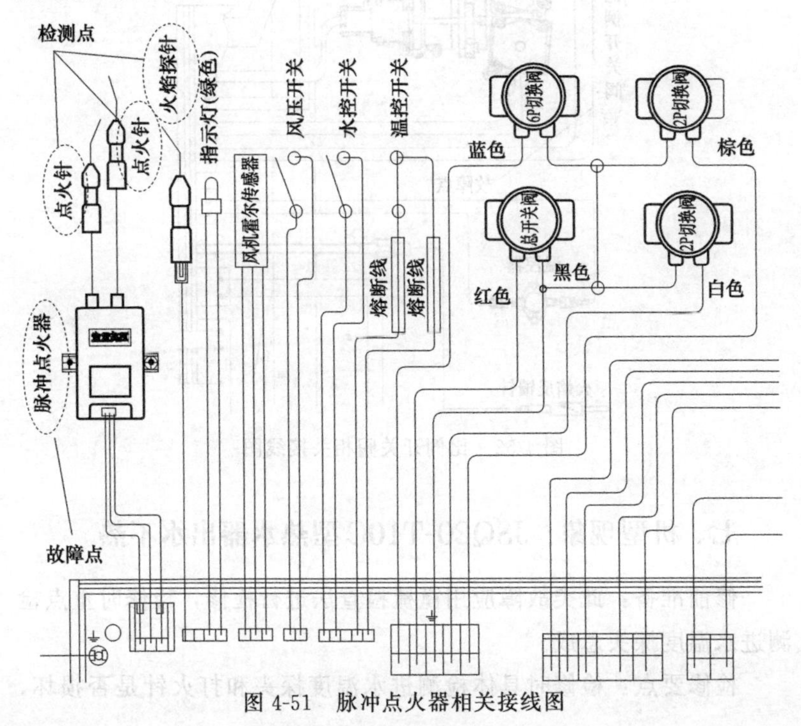

图 4-51　脉冲点火器相关接线图

六、机型现象：JSQ20-T10C 型热水器不工作

修前准备：此类故障应用篦梳检查法进行检修，检修时重点检测比例开关阀。

检修要点：检修时具体检测比例开关阀是否打开、燃气是否充足。

资料参考：此例属于比例开关阀未打开，打开后即可。比例开关阀相关接线如图 4-52 所示。

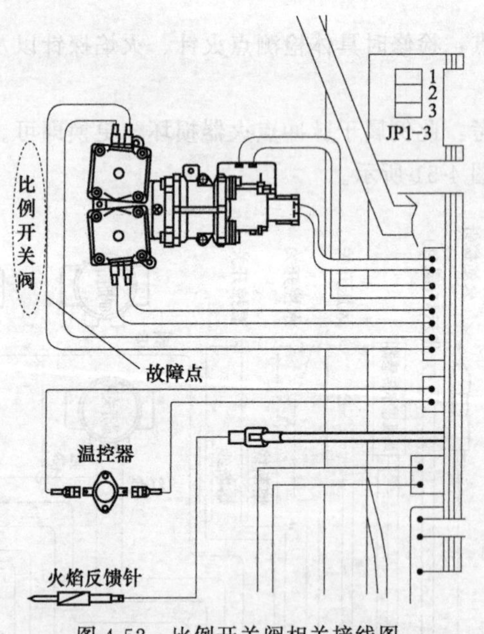

图 4-52 比例开关阀相关接线图

七、机型现象：JSQ20-T10C 型热水器出水不热

修前准备：此类故障应用篦梳检查法进行检修，检修时重点检测进水温度探头总成。

检修要点：检修时具体检测进水温度探头和打火针是否损坏，

燃气质量是否不好。

资料参考：此例属于进水温度探头损坏，更换即可。进水温度探头相关接线如图 4-53 所示。

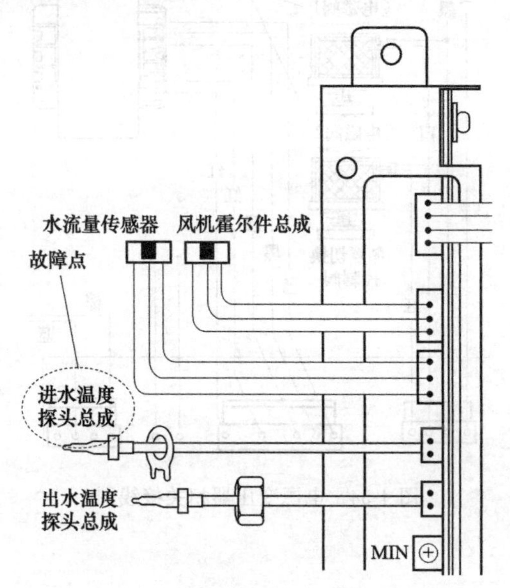

图 4-53 进水温度探头相关接线图

八、机型现象：JSQ20-T10S 型热水器不工作

修前准备：此类故障应用篦梳检查法进行检修，检修时重点检测电源变压器。

检修要点：检修时具体检测电源变压器是否损坏、电磁阀是否不良。

资料参考：此例属于电源变压器损坏，更换即可。电源变压器相关接线如图 4-54 所示。

九、机型现象：JSQ20-T10S 型热水器不能打火

修前准备：此类故障应用篦梳检查法进行检修，检修时重点检

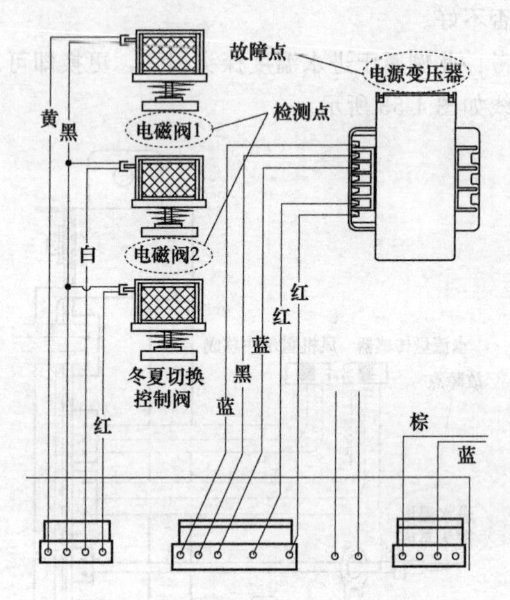

图 4-54 电源变压器相关接线图

测点火针。

检修要点：检修时具体检测点火针、点火器及火焰探针是否损坏。

资料参考：此例属于点火针损坏，更换即可。点火针相关接线如图 4-55 所示。

十、机型现象：JSQ20-T10S 型热水器出水不热

修前准备：此类故障应用篦梳检查法进行检修，检修时重点检测出水温度探头。

检修要点：检修时具体检测出水温度探头及直流风机是否损坏。

资料参考：此例属于出水温度探头损坏，更换即可。出水温度探头相关接线如图 4-56 所示。

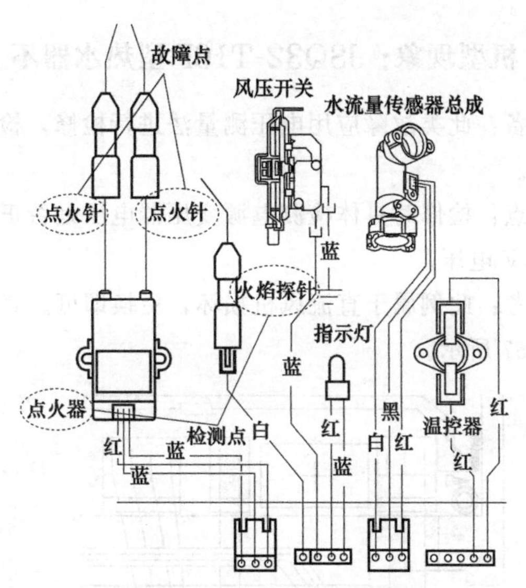

图 4-55　点火针相关接线图

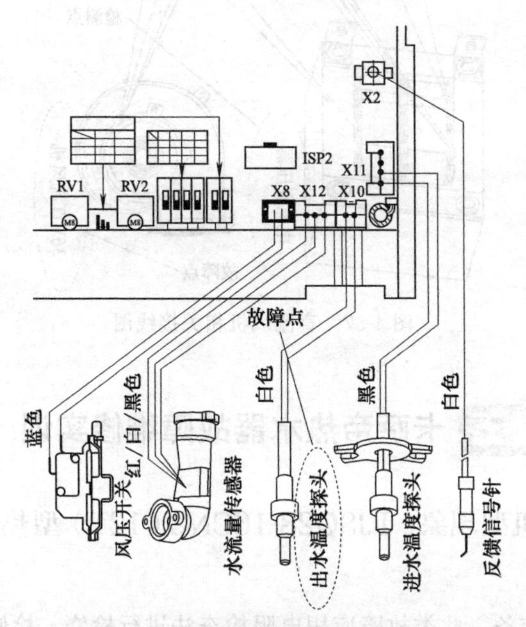

图 4-56　出水温度探头相关接线图

十一、机型现象：JSQ32-T16F 型热水器不工作

修前准备：此类故障应用电压测量法进行检修，检修时重点检测直流风机。

检修要点：检修时具体检测电源变压器电压是否正常、直流风机是否有 36V 电压。

资料参考：此例属于直流风机损坏，更换即可。直流风机相关接线如图 4-57 所示。

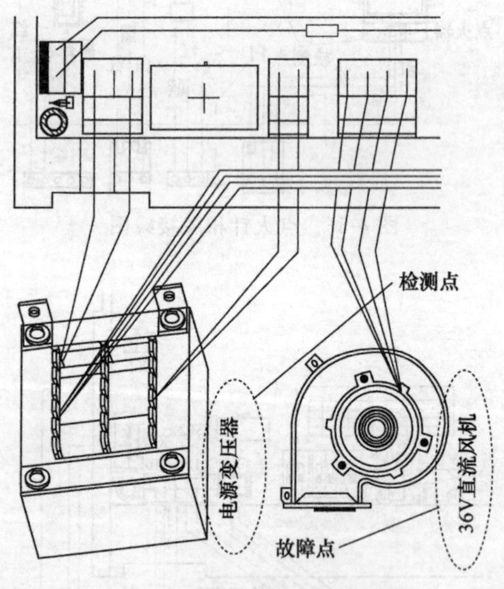

图 4-57 直流风机相关接线图

课堂五 卡萨帝热水器故障维修实训

一、机型现象：LJSQ28-16CN2（12T）型热水器不能加热

修前准备：此类故障应用电阻检查法进行检修，检修时重点检

测加热电阻。

检修要点：检修时具体检测加热电阻及热交换器是否损坏。

资料参考：此例属于加热电阻损坏，更换即可。热水器结构及加热电阻、热交换器位置如图 4-58 所示。

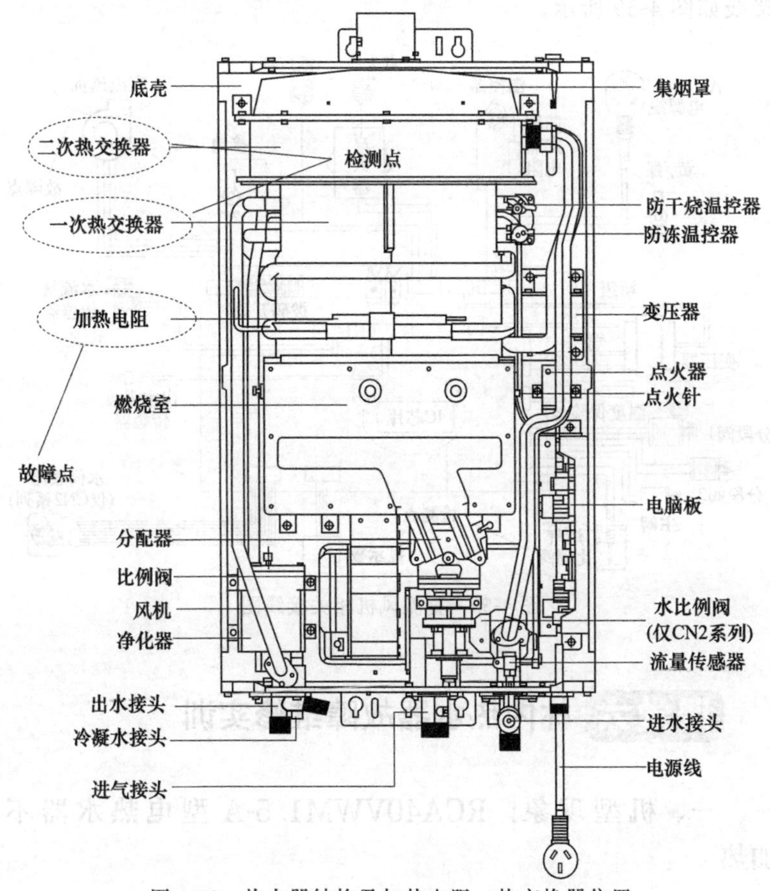

图 4-58　热水器结构及加热电阻、热交换器位置

二、机型现象：LJSQ28-16CN2（12T）型热水器不启动

修前准备：此类故障应用篦梳检查法进行检修，检修时重点检

测直流风机。

检修要点：检修时具体检测IC芯片、直流风机以及燃气比例阀是否损坏。

资料参考：此例属于直流风机损坏，更换即可。直流风机相关接线如图4-59所示。

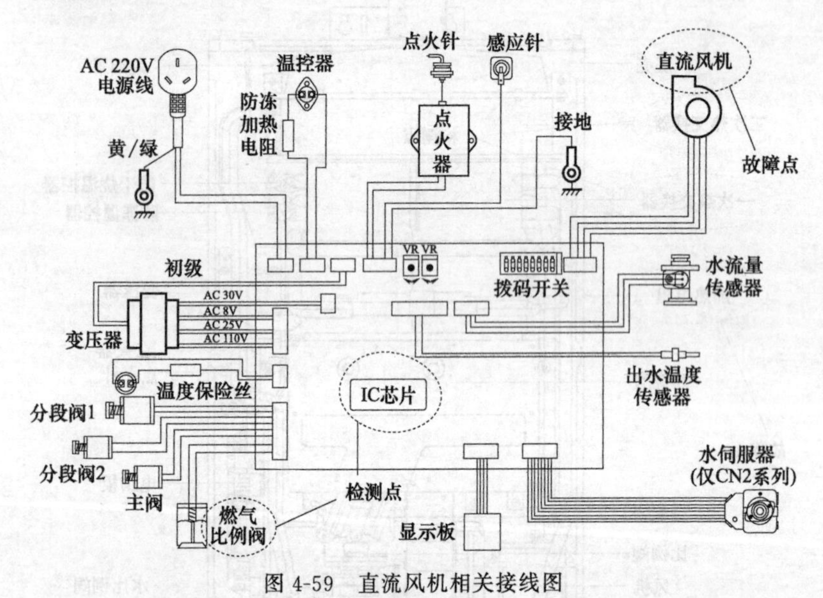

图4-59 直流风机相关接线图

课堂六 林内热水器故障维修实训

一、机型现象：RCA40VWM1.5-A型电热水器不加热

修前准备：此类故障应用电阻检测法进行检修，检修时重点检测电热管。

检修要点：检修时具体检测电源电压是否正常，电热管和温控器是否损坏。

资料参考：此例属于电热管损坏，更换即可。电热管相关接线如图 4-60 所示。

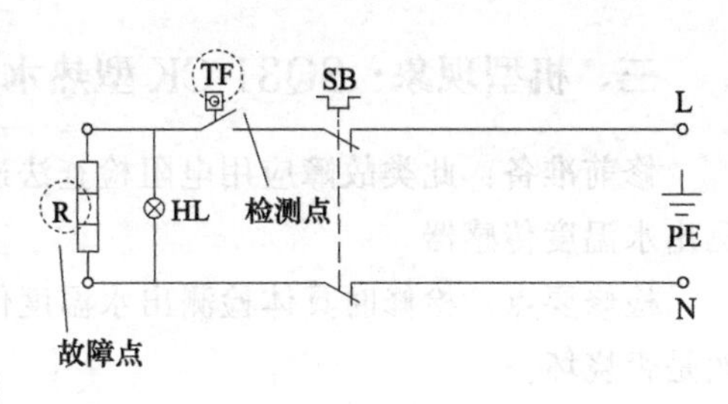

图 4-60 电热管相关接线图

R—电热管；N—中性线；TF—温控器；PE—地线；HL—加热指示灯；L—火线；SB—双联热保护开关

二、机型现象：SQ31-CK 型热水器不点火

修前准备：此类故障应用篦梳检查法进行检修，检修时重点检测高压点火器。

检修要点：检修时具体检测高压点火器及点火电极是否损坏。

资料参考：此例属于高压点火器损坏，更换即可。高压点火器相关接线如图 4-61 所示。

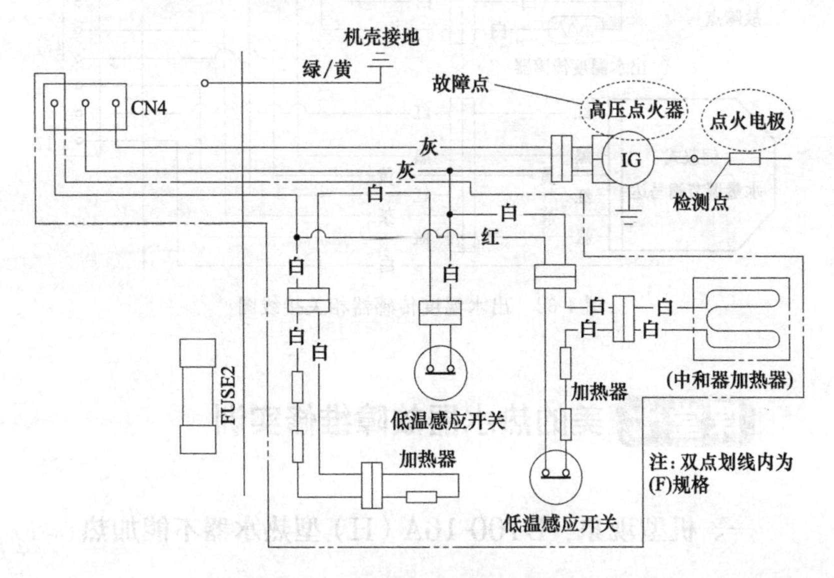

图 4-61 高压点火器相关接线图

三、机型现象：SQ31-CK 型热水器出水不热

修前准备：此类故障应用电阻检查法进行检修，检修时重点检测出水温度传感器。

检修要点：检修时具体检测出水温度传感器是否损坏、温度熔丝是否烧坏。

资料参考：此例属于出水温度传感器损坏，更换即可。出水温度传感器相关接线如图 4-62 所示。

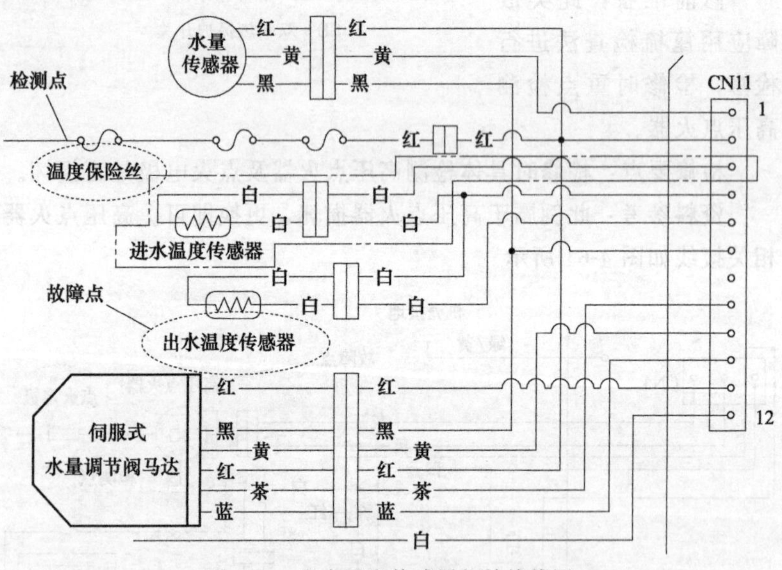

图 4-62　出水温度传感器相关接线图

课堂七 美的热水器故障维修实训

一、机型现象：D100-16A（H）型热水器不能加热

修前准备：此类故障应用电阻检查法进行检修，检修时重点检

测温控器。

检修要点：检修时具体检测温控器及加热器组件是否损坏。

资料参考：此例属于温控器损坏，更换即可。温控器相关接线如图 4-63 所示。

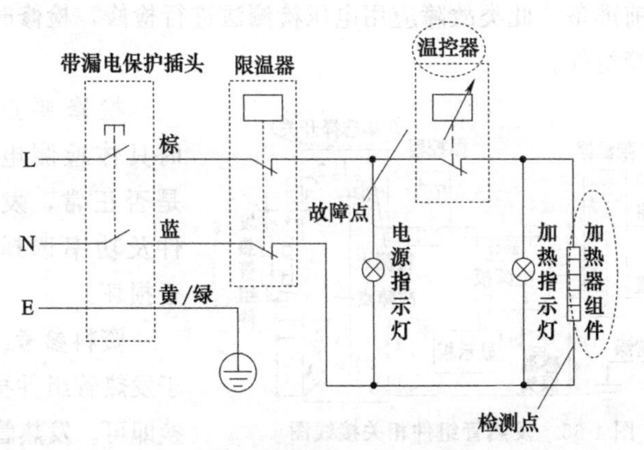

图 4-63　温控器相关接线图

二、机型现象：F65-30F 型热水器不工作

修前准备：此类故障应用电压测量法进行检修，检修时重点检测电源板。

检修要点：检修时具体检测电源板及电源插头是否损坏。

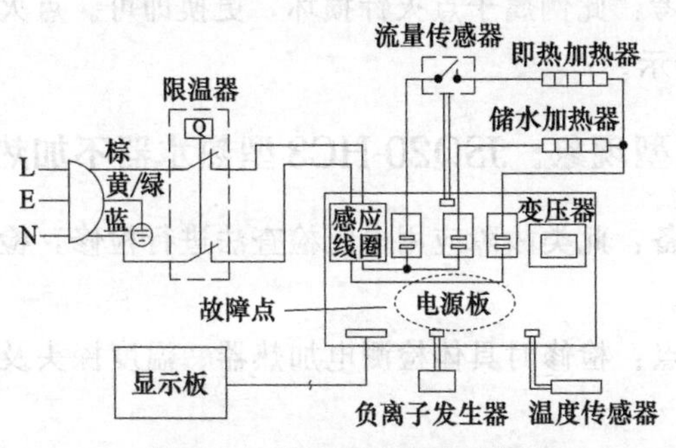

图 4-64　电源板相关接线图

资料参考：此例属于电源板损坏，更换即可。电源板相关接线如图 4-64 所示。

三、机型现象：F80-25B1 型储水式电热水器不加热

修前准备：此类故障应用电压检测法进行检修，检修时重点检测发热管组件。

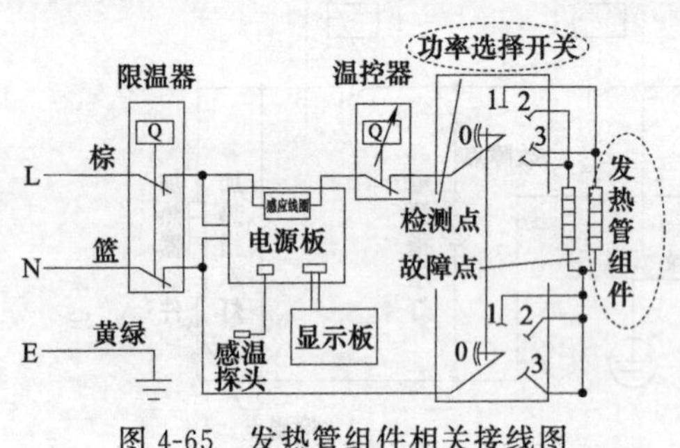

图 4-65　发热管组件相关接线图

检修要点：检修时具体检测电源电压是否正常，发热管组件及功率选择开关是否损坏。

资料参考：此例属于发热管组件损坏，更换即可。发热管组件相关接线如图 4-65 所示。

四、机型现象：JSQ20-12HG5 型热水器不点火

修前准备：此类故障应用直观检查法进行检修，检修时重点检测点火针。

检修要点：检修时具体打开热水器检查点火针及反馈针是否损坏。

资料参考：此例属于点火针损坏，更换即可。点火针相关接线如图 4-66 所示。

五、机型现象：JSQ20-HC3 型热水器不加热

修前准备：此类故障应用电阻检查法进行检修，检修时重点检测电加热器。

检修要点：检修时具体检测电加热器、温度探头及温控开关是否损坏。

资料参考：此例属于电加热器损坏，更换即可。电加热器相关

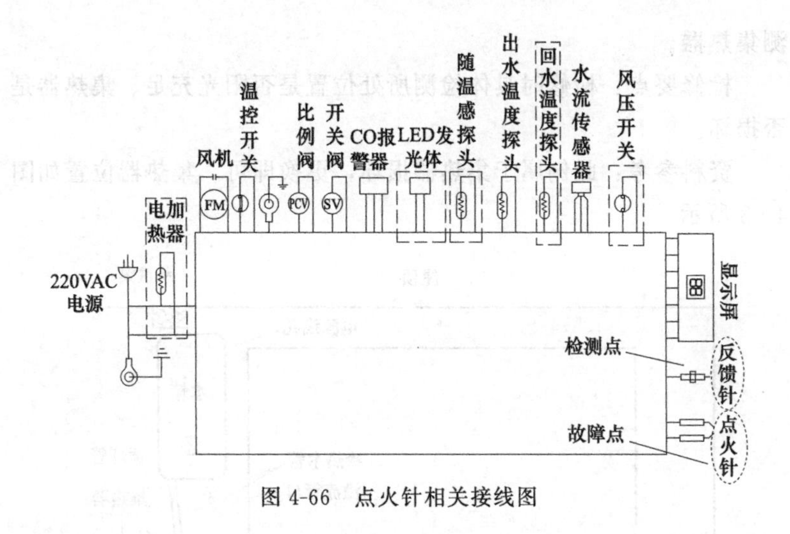

图 4-66 点火针相关接线图

接线如图 4-67 所示。

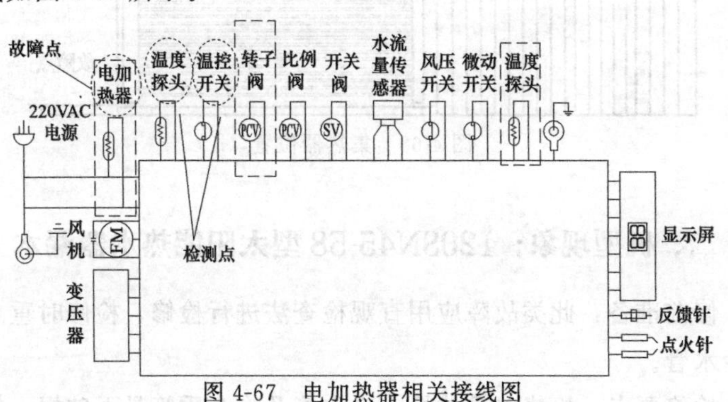

图 4-67 电加热器相关接线图

课堂八 圣能王子热水器故障维修实训

一、机型现象：120SN45-58 型太阳能热水器不能将水加热

修前准备：此类故障应用直观检查法进行检修，检修时重点检

测集热器。

检修要点：检修时具体检测所处位置是否阳光充足、集热器是否损坏。

资料参考：此例属于集热器损坏，更换即可。集热器位置如图 4-68 所示。

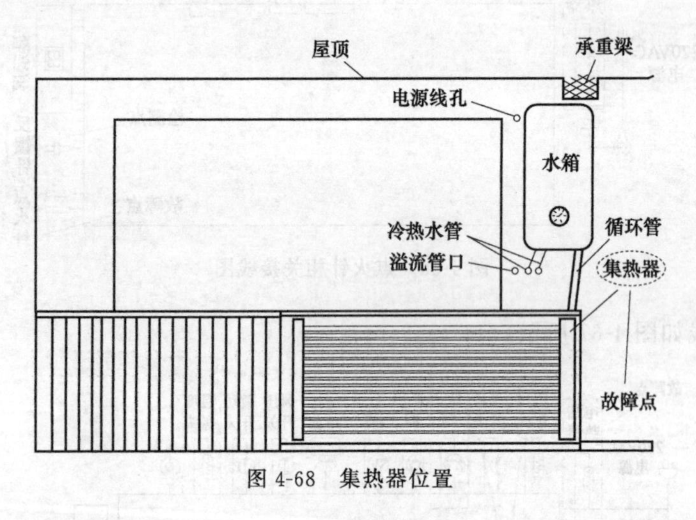

图 4-68　集热器位置

二、机型现象：120SN45-58 型太阳能热水器漏水

修前准备：此类故障应用直观检查法进行检修，检修时重点检测冷水管。

检修要点：检修时具体检查冷水管及冷介质管是否破损、热水器是否有裂纹。

资料参考：此例属于冷水管破裂，更换即可。冷水管相关接线如图 4-69 所示。

三、机型现象：SNFT-1-120/2.4/0.6 型太阳能热水器不能加热

修前准备：此类故障应用篦梳检查法进行检修，检修时重点检

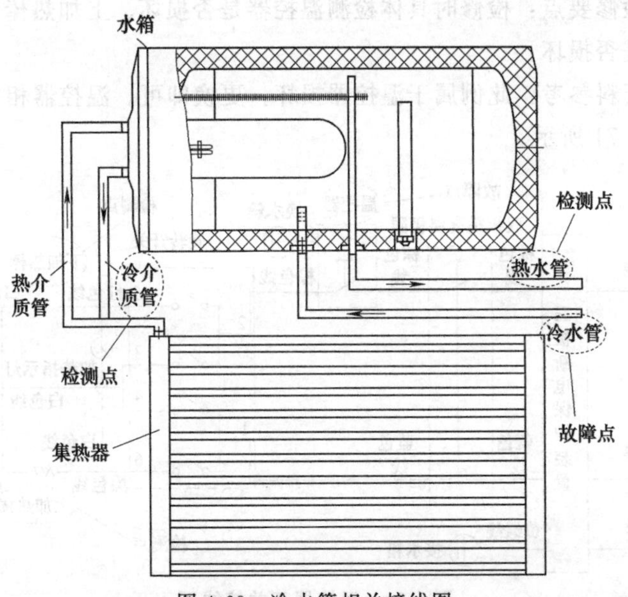

图 4-69　冷水管相关接线图

测太阳能集热器。

检修要点：检修时具体检测温度传感器、集热器及真空管是否损坏。

资料参考：此例属于集热器损坏，更换即可。集热器如图 4-70 所示。

图 4-70　集热器

课堂九　史密斯热水器故障维修实训

一、机型现象：CEWH-100P3 型电热水器出水不热

修前准备：此类故障应用电阻检查法进行检修，检修时重点检测温控器。

检修要点：检修时具体检测温控器是否损坏、上加热棒与下加热棒是否损坏。

资料参考：此例属于温控器损坏，更换即可。温控器相关接线如图 4-71 所示。

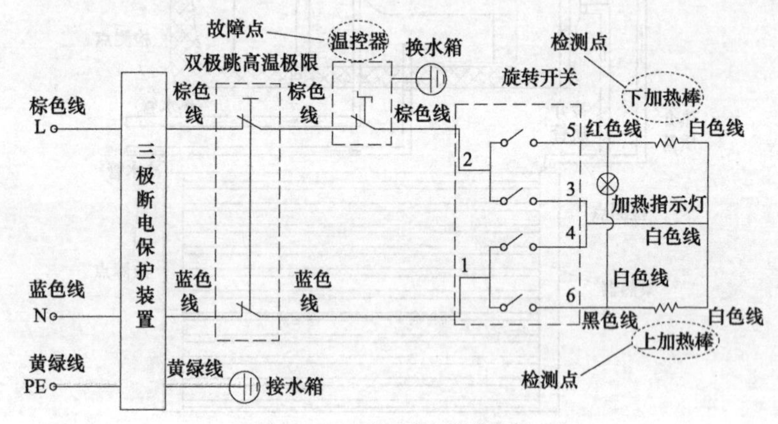

图 4-71 温控器相关接线图

二、机型现象：CEWH-100PEZ8 型电热水器不加热

修前准备：此类故障应用电压测量法进行检修，检修时重点检测下胆电加热管。

检修要点：检修时具体检测电源电压是否正常、下胆电加热管和上胆电加热管是否损坏。

资料参考：此例属于下胆电加热管损坏，更换即可。下胆电加热管相关接线如图 4-72 所示。

三、机型现象：CEWH-100PG6 型电热水器不能显示

修前准备：此类故障应用篦梳检查法进行检修，检修时重点检测显示板。

检修要点：检修时具体检测显示板是否损坏、显示连接排线是

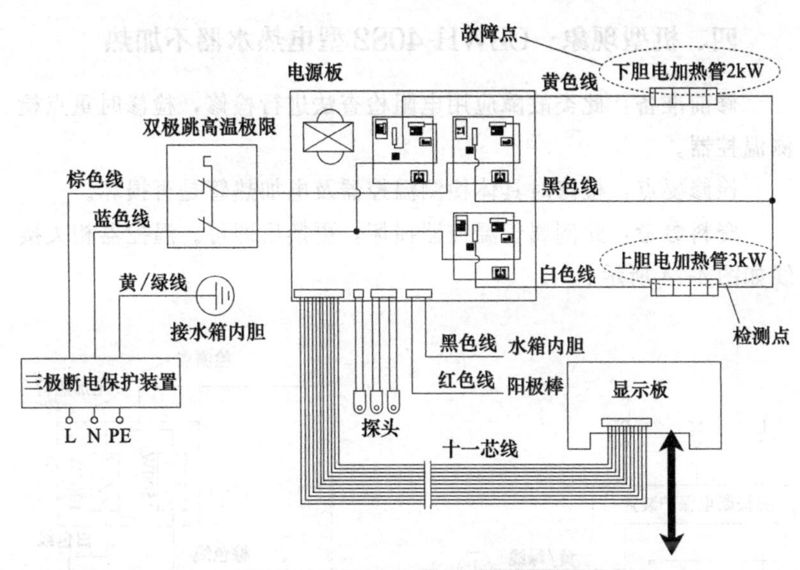

图 4-72 下胆电加热管相关接线图

否接触不良。

资料参考：此例属于显示板损坏，更换即可。显示板相关接线如图 4-73 所示。

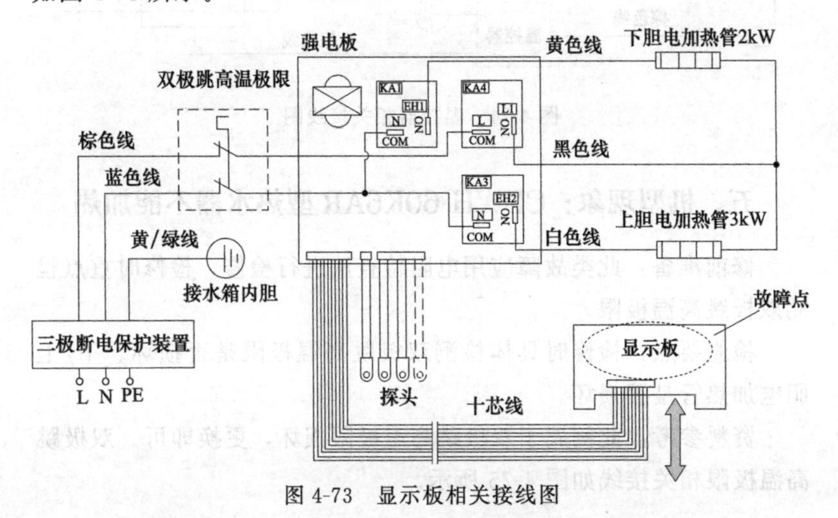

图 4-73 显示板相关接线图

四、机型现象：CEWH-40S2 型电热水器不加热

修前准备：此类故障应用电阻检查法进行检修，检修时重点检测温控器。

检修要点：检修时具体检测温控器及电加热管是否损坏。

资料参考：此例属于温控器损坏，更换后即可。温控器相关接线如图 4-74 所示。

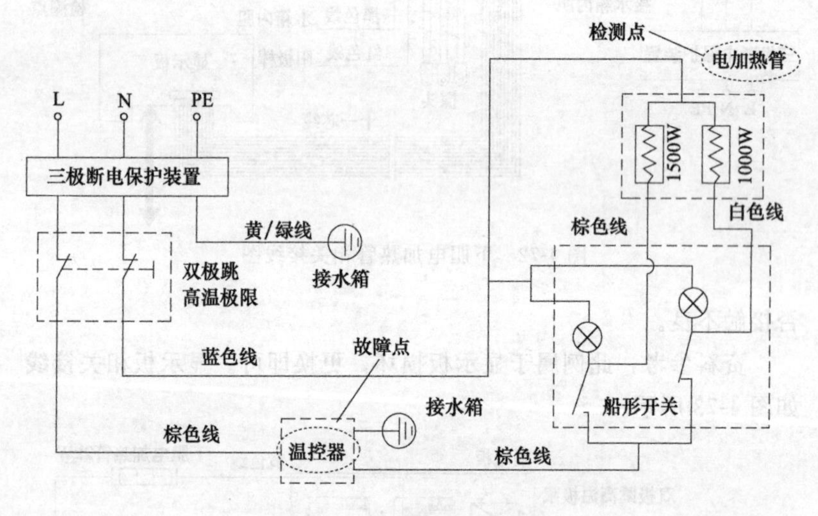

图 4-74　温控器相关接线图

五、机型现象：CEWH-60K6AR 型热水器不能加热

修前准备：此类故障应用电阻检查法进行检修，检修时重点检测双极跳高温极限。

检修要点：检修时具体检测双极跳高温极限是否损坏、下/上胆电加热管是否损坏。

资料参考：此例属于双极跳高温极限损坏，更换即可。双极跳高温极限相关接线如图 4-75 所示。

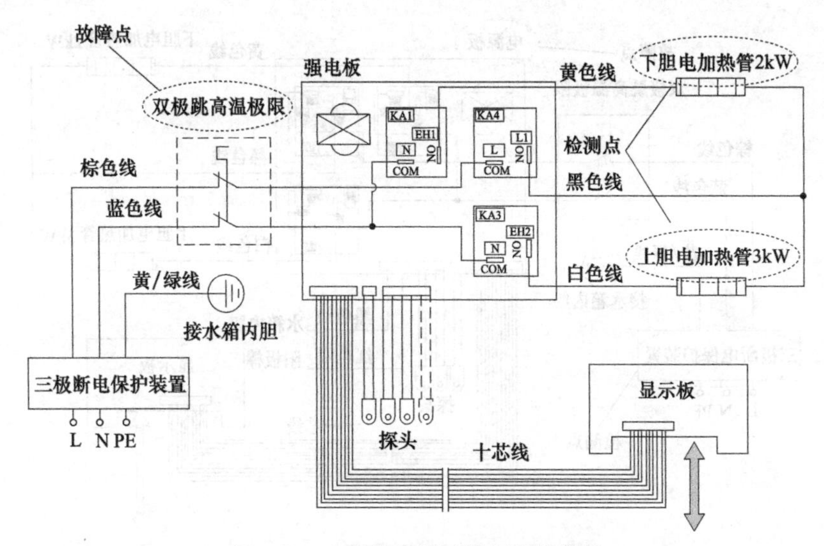

图 4-75 双极跳高温极限相关接线图

六、机型现象：CEWH-75PG8 型电热水器不工作

修前准备：此类故障应用电压测量法进行检修，检修时重点检测电源板。

检修要点：检修时具体检测电源电压是否正常，三极断电保护装置及电源板是否损坏。

资料参考：此例属于电源板损坏，更换即可。电源板相关接线如图 4-76 所示。

七、机型现象：CEWH-80T2 型电热水器不工作

修前准备：此类故障应用电压检测法进行检修，检修时重点检测三极断电保护装置。

检修要点：检修时具体检测电源电压是否正常，三极断电保护装置及定时器是否损坏。

资料参考：此例属于三极断电保护装置损坏，更换即可。三极

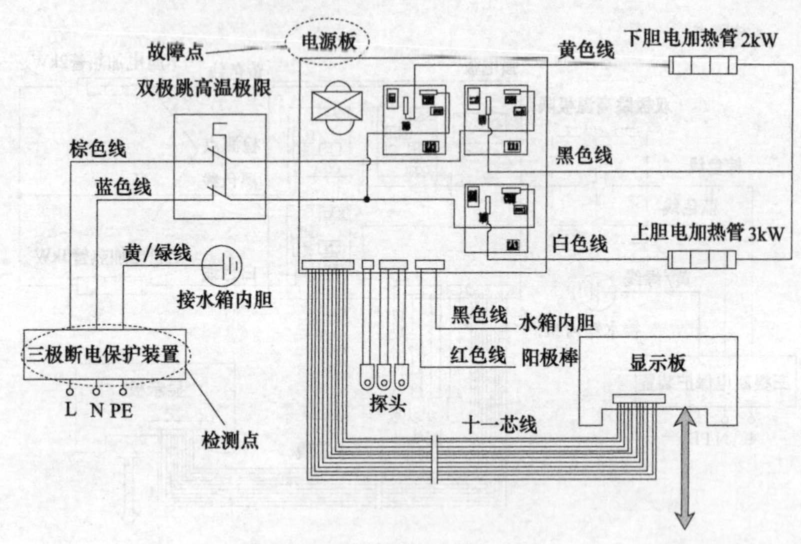

图 4-76　电源板相关接线图

断电保护装置相关接线如图 4-77 所示。

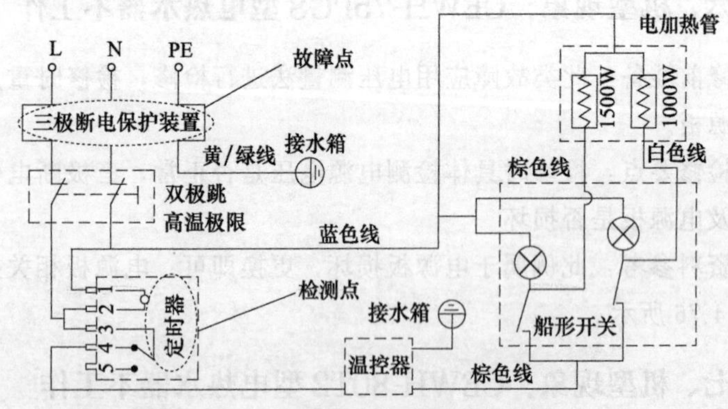

图 4-77　三极断电保护装置相关接线图

八、机型现象：CEWHR-100PE8 型电热水器不加热

修前准备：此类故障应用电阻检查法进行检修，检修时重点检测上胆电加热管。

检修要点：检修时具体检测电源板、上胆及下胆电加热管是否损坏。

资料参考：此例属于上胆电加热管损坏，更换即可。上胆电加热管相关接线如图 4-78 所示。

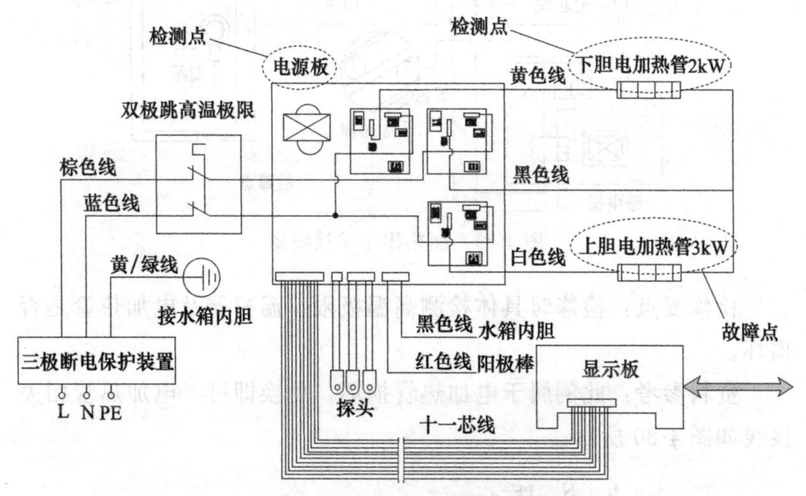

图 4-78 上胆电加热管相关接线图

九、机型现象：CEWHR-60+型电热水器加热变慢

修前准备：此类故障应用电阻检查法进行检修，检修时重点检测加热棒。

检修要点：检修时具体检测加热棒及温度定时控制器是否损坏。

资料参考：此例属于加热棒损坏，更换即可。加热棒相关接线如图 4-79 所示。

十、机型现象：ELJH-60 型电热水器不加热

修前准备：此类故障应用电阻检查法进行检修，检修时重点检测电加热管。

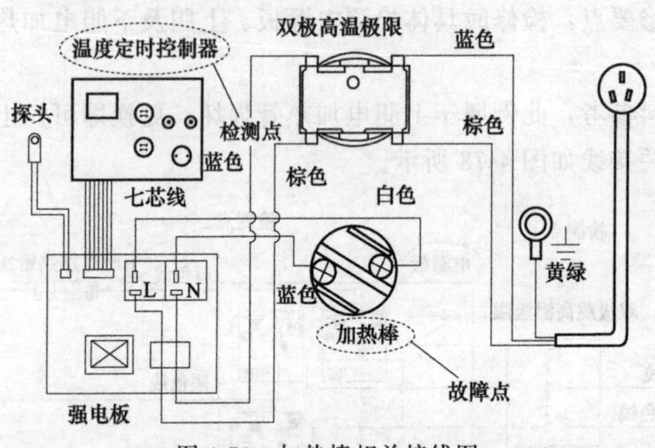

图 4-79　加热棒相关接线图

检修要点：检修时具体检测高温极限、温控器及电加热管是否损坏。

资料参考：此例属于电加热管损坏，更换即可。电加热管相关接线如图 4-80 所示。

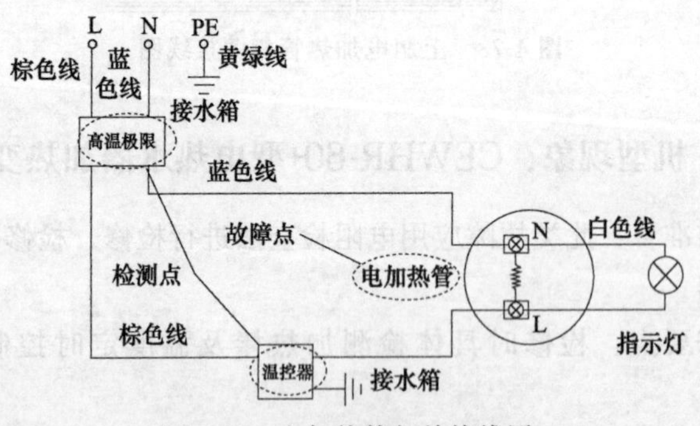

图 4-80　电加热管相关接线图

十一、机型现象：EWH-10A2 型电热水器水不能加热

修前准备：此类故障应用电阻检查法进行检修，检修时重点检测电加热管。

检修要点：检修时具体检测加热指示灯是否亮，温控器及电加热管是否损坏。

资料参考：此例属于电加热管损坏，更换即可。电加热管相关接线如图 4-81 所示。

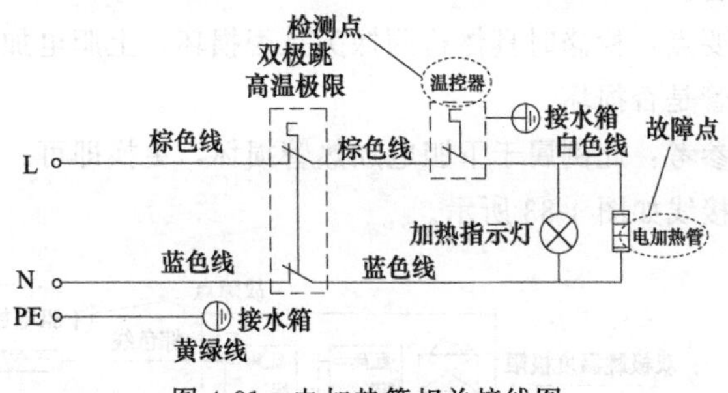

图 4-81 电加热管相关接线图

十二、机型现象：EWH-50B 型热水器不能加热

修前准备：此类故障应用电阻检测法进行检修，检修时重点检测电源板。

检修要点：检修时具体检测 IC（3063）各脚之间的电阻值是否正常，双向晶闸管 BT 及变压器是否损坏。

资料参考：此例属于 IC（3063）损坏，更换即可。IC（3063）相关电路如图 4-82 所示。

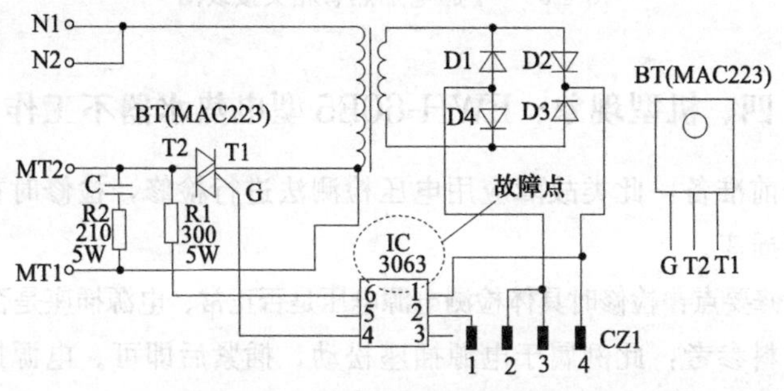

图 4-82 IC（3063）相关电路图

十三、机型现象：EWH-50D5 型电热水器加热速度很慢

修前准备：此类故障应用电阻检查法进行检修，检修时重点检测电加热管。

检修要点：检修时具体检测探头是否损坏、上胆电加热管与下胆电加热管是否损坏。

资料参考：此例属于下胆电加热管损坏，更换即可。下胆电加热管相关接线如图 4-83 所示。

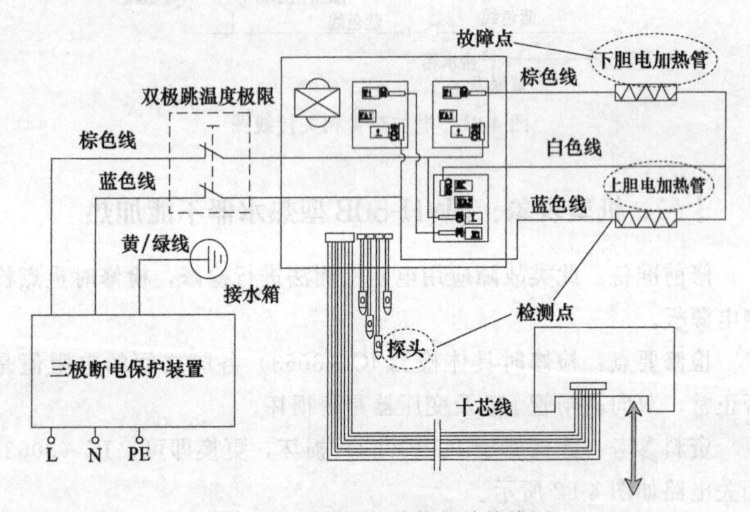

图 4-83　下胆电加热管相关接线图

十四、机型现象：EWH-60E5 型电热水器不工作

修前准备：此类故障应用电压检测法进行检修，检修时重点检测电源插座。

检修要点：检修时具体检测电源电压是否正常、电源插座是否松动。

资料参考：此例属于电源插座松动，插紧后即可。电源插座相关接线如图 4-84 所示。

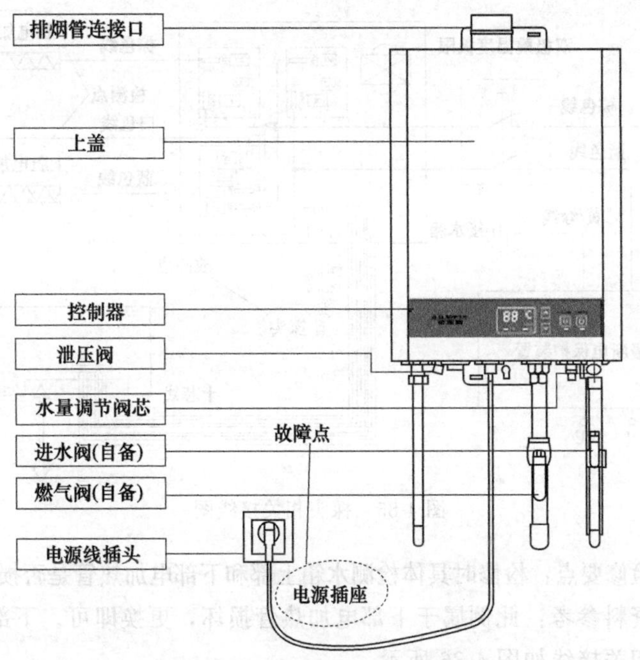

图 4-84　电源插座相关接线图

十五、机型现象：EWH-60E5 型电热水器出水不热

修前准备：此类故障应用电阻检测法进行检修，检修时重点检测探头。

检修要点：检修时具体检测探头阻值是否正常、上胆与下胆电加热管是否损坏。

资料参考：此例属于探头损坏，更换即可。探头相关接线如图 4-85 所示。

十六、机型现象：HPA-A2 型热水器水箱水不热

修前准备：此类故障应用电阻检查法进行检修，检修时重点检测电加热管。

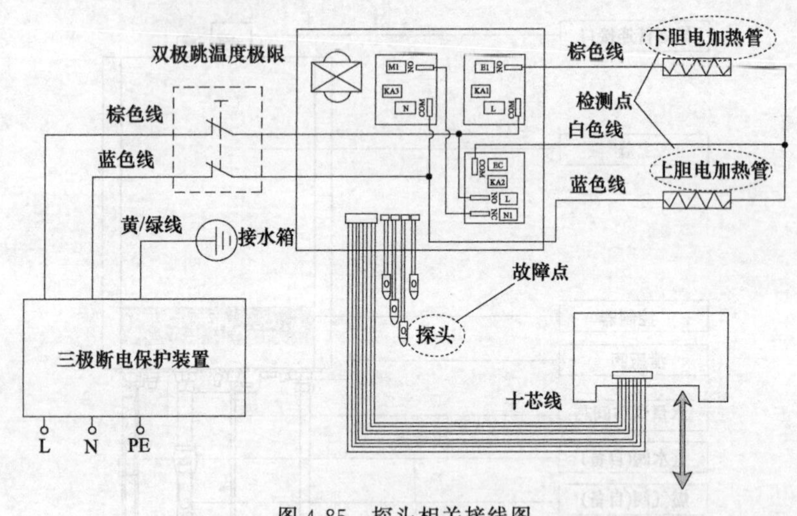

图 4-85　探头相关接线图

检修要点：检修时具体检测水箱上部和下部电加热管是否损坏。

资料参考：此例属于下部电加热管损坏，更换即可。下部电加热管相关接线如图 4-86 所示。

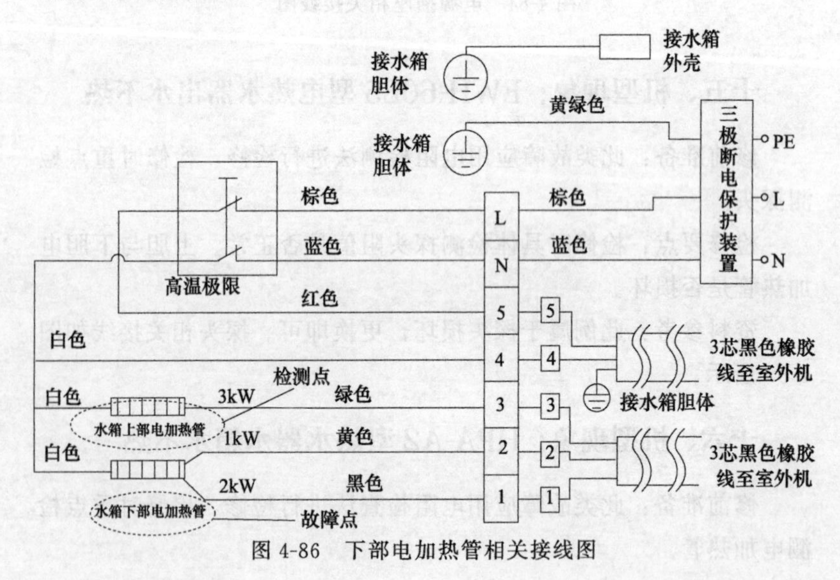

图 4-86　下部电加热管相关接线图

十七、机型现象：HPW-60A 型电热水器不工作

修前准备：此类故障应用篦梳检查法进行检修，检修时重点检测压缩机电容。

检修要点：检修时具体检测压缩机电容是否损坏、压缩机接线端是否接触不良、压缩机保护器是否损坏。

资料参考：此例属于压缩机电容损坏，更换即可。压缩机电容相关接线如图 4-87 所示。

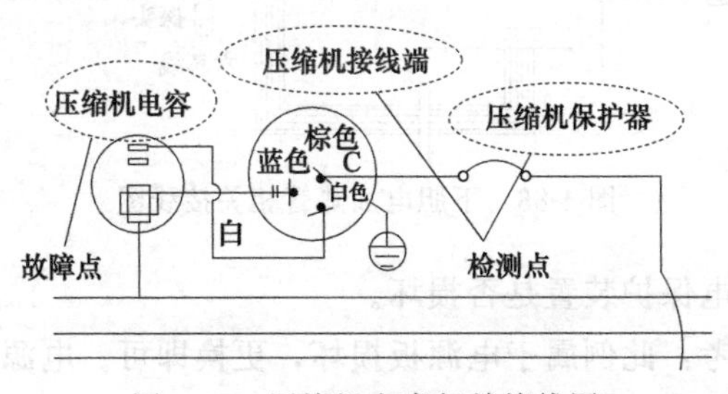

图 4-87　压缩机电容相关接线图

十八、机型现象：SCE-80B 型电热水器不加热

修前准备：此类故障应用电阻检查法进行检修，检修时重点检测下胆电加热管。

检修要点：检修时具体检测二级断电保护装置是否损坏、上/下胆电加热管是否损坏。

资料参考：此例属于下胆电加热管损坏，更换即可。下胆电加热管相关接线如图 4-88 所示。

十九、机型现象：SRHN-150A1 型太阳能热水器不工作

修前准备：此类故障应用电压测量法进行检修，检修时重点检测电源板。

检修要点：检修时具体检测电源电压是否正常、电源板是否损

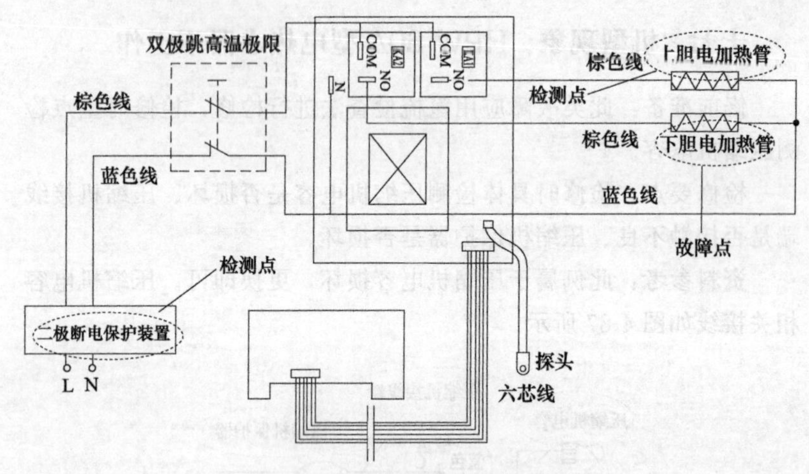

图 4-88　下胆电加热管相关接线图

坏、三极断电保护装置是否损坏。

资料参考：此例属于电源板损坏，更换即可。电源板相关接线如图 4-89 所示。

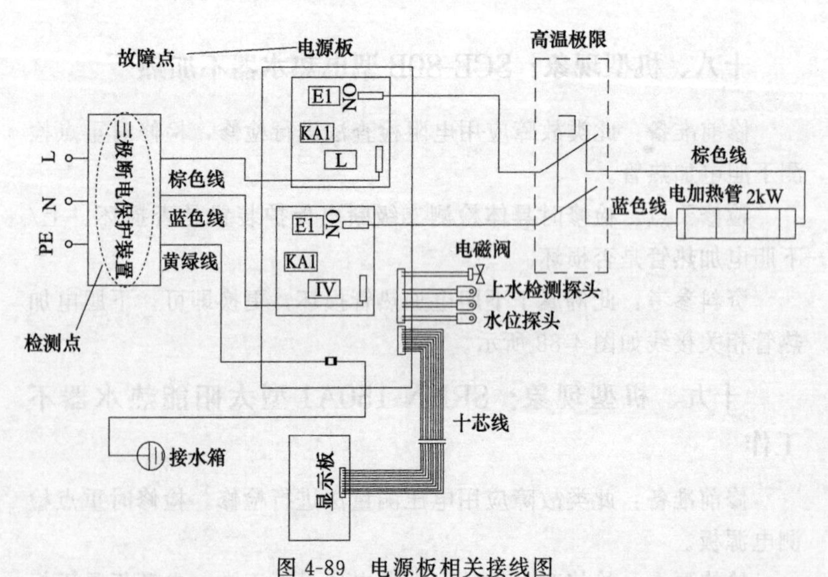

图 4-89　电源板相关接线图

课堂十 帅康热水器故障维修实训

一、机型现象：DSF-270JMA机械型电热水器不加热

修前准备：检修时应用电阻检查法进行检修，检修时具体检测加热器。

检修要点：检修时具体检测加热器、温控器以及电源插头是否损坏。

资料参考：此例属于加热器损坏，更换即可。加热器相关接线如图4-90所示。

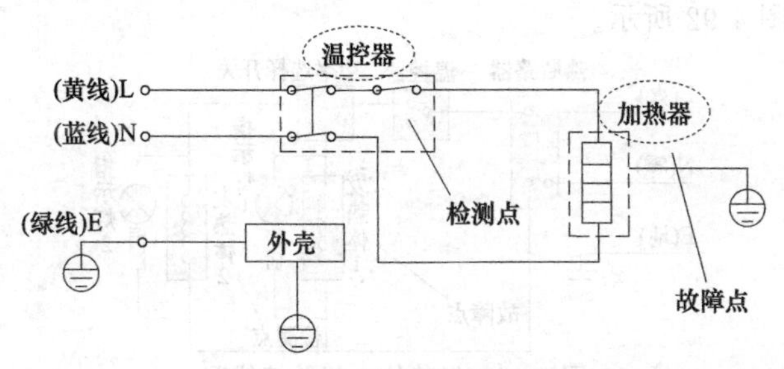

图4-90 加热器相关接线图

二、机型现象：DSF-270JMA智能型电热水器不加热

修前准备：此类故障应用篦梳检查法进行检修，检修时重点检测控制板。

检修要点：检修时具体检测控制板及发热体是否损坏。

资料参考：此例属于控制板损坏，更换即可。控制板相关接线如图4-91所示。

三、机型现象：DSF-45JFA型电热水器出水不热

修前准备：此类故障应用直观检查法和篦梳检查法进行检修，

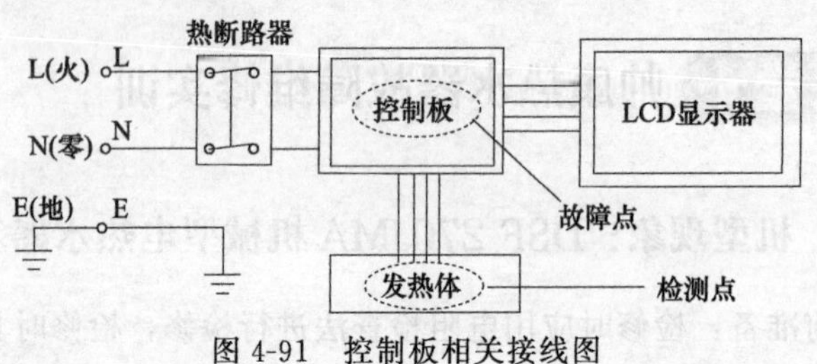

图 4-91　控制板相关接线图

检修时重点检测发热体。

检修要点：检修时具体检测加热指示灯 1 及加热指示灯 2 是否亮、发热体 1 和发热体 2 是否损坏。

资料参考：此例属于发热体 1 损坏，更换即可。发热体 1 相关接线如图 4-92 所示。

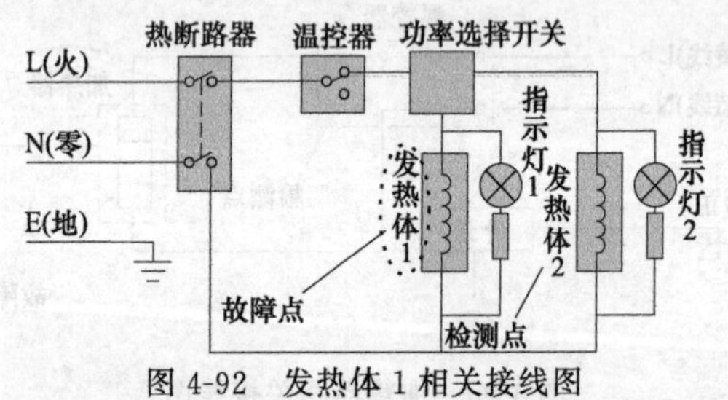

图 4-92　发热体 1 相关接线图

四、机型现象：DSF-60IIDSQY 型电热水器不加热

修前准备：此类故障应用篦梳检查法进行检修，检修时重点检测发热体。

检修要点：检修时具体检测发热体和电脑板是否损坏。

资料参考：此例属于发热体损坏，更换即可。发热体相关接线如图 4-93 所示。

五、机型现象：DSF-60JSF 型电热水器不加热

修前准备：此类故障应用电阻测量法进行检修，检修时重点检

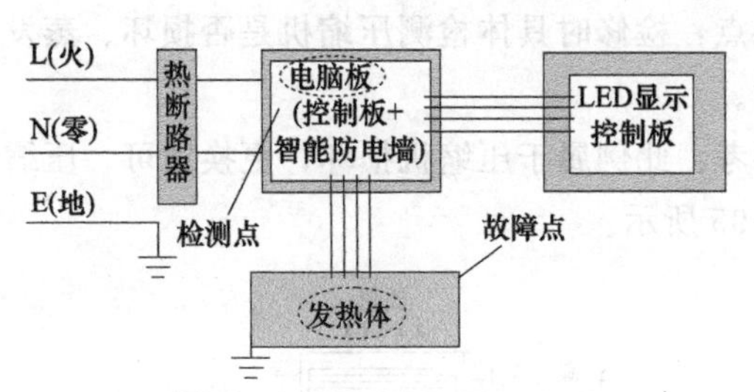

图 4-93 发热体相关接线图

测温控器。

检修要点：检修时具体检测电源电压是否正常，温控器和发热体是否损坏。

资料参考：此例属于温控器损坏，更换即可。温控器相关接线如图 4-94 所示。

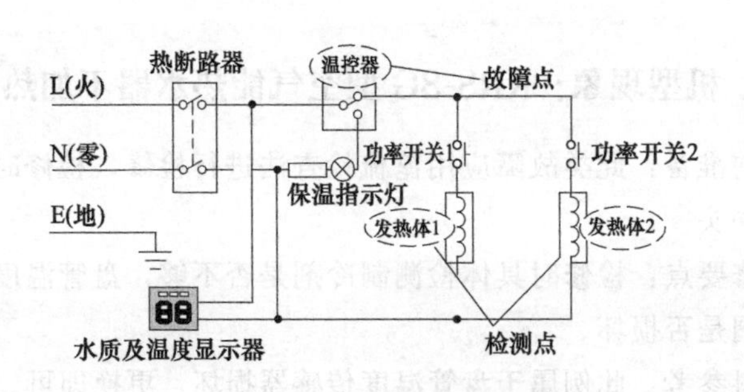

图 4-94 温控器相关接线图

课堂十一 同益热水器故障维修实训

一、机型现象：KRS-3G 型空气能热水器不工作

修前准备：此类故障应用电阻检查法进行检修，检修时重点检测压缩机。

检修要点：检修时具体检测压缩机是否损坏、蒸发器及冷凝器是否有异常。

资料参考：此例属于压缩机损坏，更换即可。压缩机相关工作原理如图 4-95 所示。

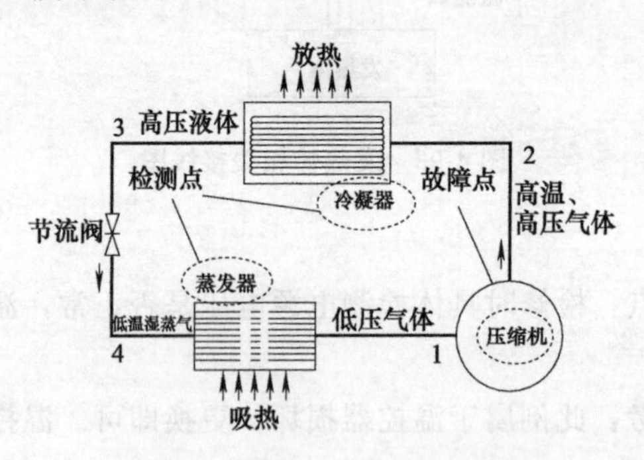

图 4-95　压缩机相关工作原理图

二、机型现象：KRS-3G 型空气能热水器不加热

修前准备：此类故障应用篦梳检查法进行检修，检修时重点检测感温探头。

检修要点：检修时具体检测制冷剂是否不够，盘管温度传感器和四通阀是否损坏。

资料参考：此例属于盘管温度传感器损坏，更换即可。盘管温度传感器相关接线如图 4-96 所示。

三、机型现象：KRS-5G 家用型空气能热水器不加热

修前准备：此类故障应用篦梳检查法进行检修，检修时重点检测翅片换热器。

检修要点：检修时具体检测翅片换热器和压缩机是否损坏。

资料参考：此例属于翅片换热器损坏，更换即可。翅片换热器相关接线如图 4-97 所示。

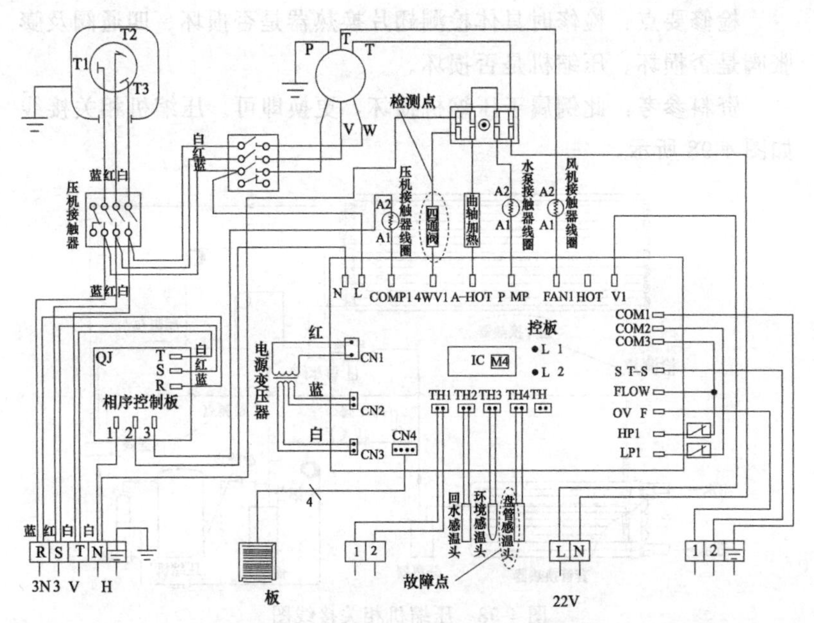

图 4-96　盘管温度传感器相关接线图

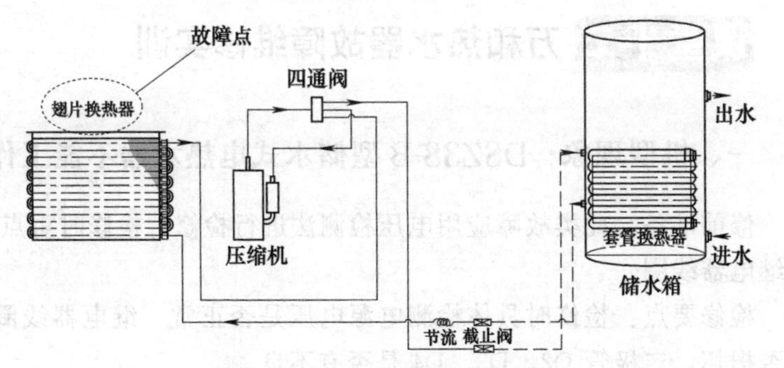

图 4-97　翅片换热器相关接线图

四、机型现象：KRS-5G 中央型空气能热水器不加热

修前准备：此类故障应用篦梳检查法进行检修，检修时重点检测压缩机。

检修要点：检修时具体检测翅片换热器是否损坏、四通阀及膨胀阀是否损坏、压缩机是否损坏。

资料参考：此例属于压缩机损坏，更换即可。压缩机相关接线如图 4-98 所示。

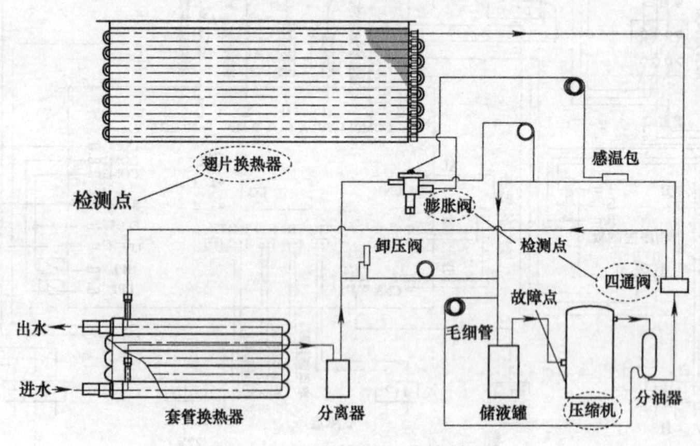

图 4-98 压缩机相关接线图

课堂十二 万和热水器故障维修实训

一、机型现象：DSZ38-B 型储水式电热水器不能工作

修前准备：此类故障应用电压检测法进行检修，检修时重点检测继电器线圈。

检修要点：检修时具体检测电源电压是否正常，继电器线圈 J 是否损坏，二极管 D2、D3、D4 是否有不良。

资料参考：此例属于继电器线圈 J 损坏，更换即可。继电器线圈 J 相关电路如图 4-99 所示。

二、机型现象：DSZF38-B 型储水式电热水器不加热

修前准备：此类故障应用电阻检查法进行检修，检修时重点检

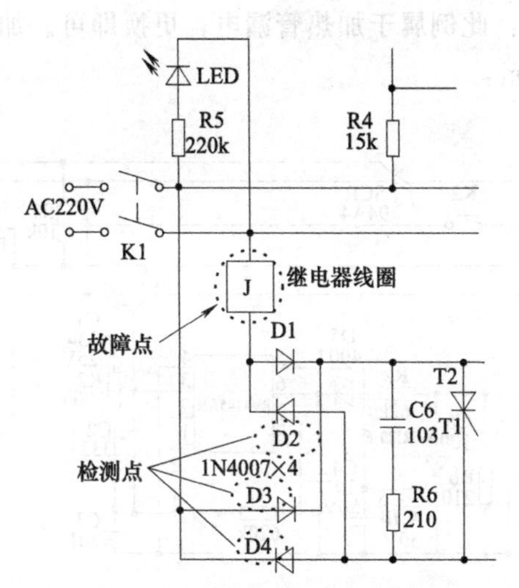

图 4-99 继电器线圈 J 相关电路图

测温控器。

检修要点：检修时具体检测温控器和加热管是否损坏、电源插头是否漏电。

资料参考：此例属于温控器损坏，更换即可。温控器相关接线如图 4-100 所示。

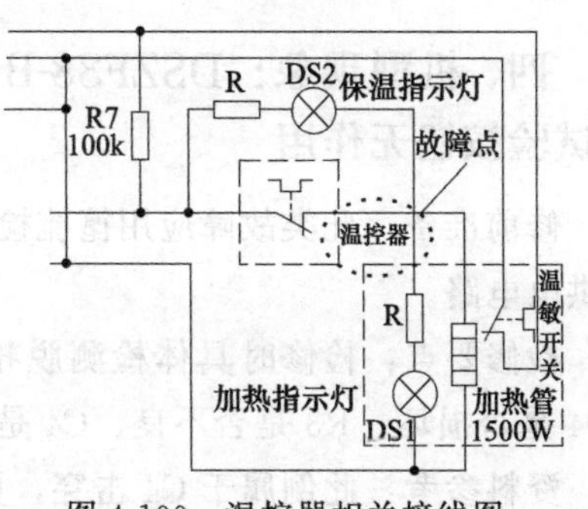

图 4-100 温控器相关接线图

三、机型现象：DSZF38-B 型储水式电热水器自带的漏电保护器无法合闸送电

修前准备：此类故障应用电阻检查法进行检修，检修时重点检测加热管。

检修要点：检修时具体检测加热管是否漏电、电热水器内部线路和温控器是否漏电、漏电保护器本身电路是否有故障。

资料参考：此例属于加热管漏电，更换即可。加热管相关电路如图 4-101 所示：

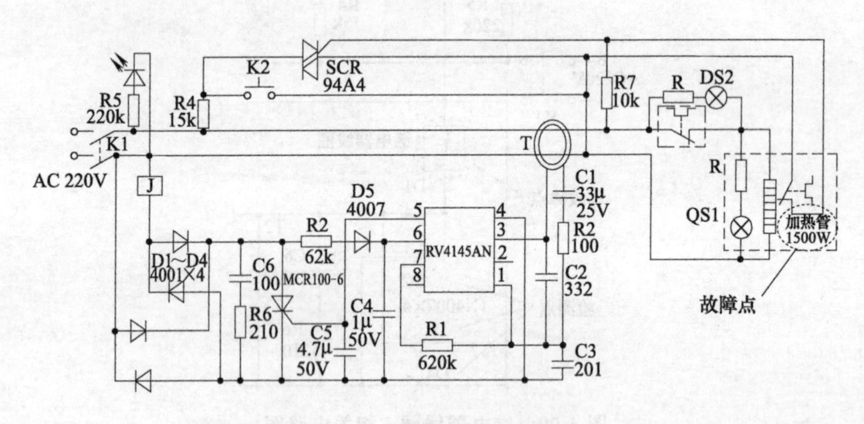

图 4-101 加热管相关电路图

四、机型现象：DSZF38-B 型电热水器不脱扣，按漏电试验按钮无作用

修前准备：此类故障应用篦梳检查法进行检修，检修时重点检测供电电路。

检修要点：检修时具体检测脱扣器 K 线圈是否损坏、VD1～VD4 是否损坏、R3 是否不良、C4 是否击穿。

资料参考：此例属于 C4 击穿，更换即可。

五、机型现象：DSZF38-B 型电热水器无法合闸送电，合上 K-1 即跳闸

修前准备：此类故障应用篦梳检查法进行检修，检修时重点检测漏电保护电路。

检修要点：检修时具体检测试验按钮 S1 的静、动触点是否粘边或受潮，VS2 是否击穿损坏或漏电，VD1～VD4 是否击穿。

资料参考：此例属于 VS2 损坏，更换即可。

六、机型现象：JSG18-10A 型燃气热水器开机进入报警状态，显示屏显示故障代码“E4”

修前准备：此类故障应用电压测量法和代码自诊法进行检修，检修时重点检测直流电动机。

检修要点：检修时具体检测电源变压器是否有 26V 电压输出、驱动信号线是否连接不良、电动机驱动板是否损坏、直流电动机是否损坏。

资料参考：此例属于直流电动机损坏，更换即可。直流电动机如图 4-102 所示。

七、机型现象：JSQ24-12P2 型燃气热水器燃烧室为黄色火焰，甚至出现冒黑烟现象

修前准备：此类故障应用篦梳检查法进行检修，检修时重点检测热交换器。

检修要点：检修时具体检测燃气在火排腔内流动是否不畅、热交换器表面是否存在大量污垢、喷气嘴上是否有白色杂物、燃气质量是否不好。

资料参考：此例属于热交换器存有污垢，清理后即可。热交换器如图 4-103 所示。

图 4-102　直流电动机

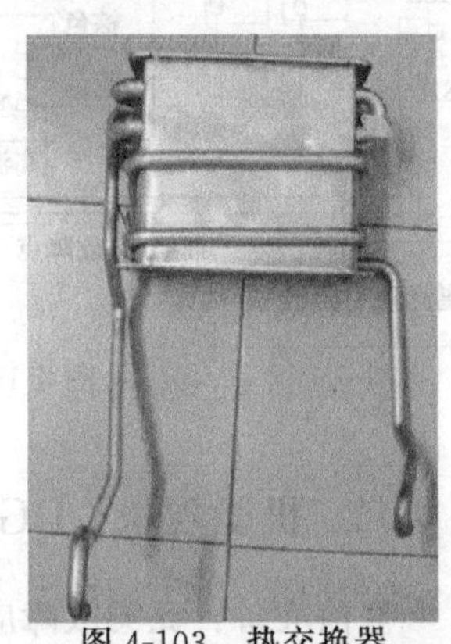

图 4-103　热交换器

课堂十三 西门子热水器故障维修实训

一、机型现象：DG10155BW 型电热水器不工作

修前准备：此类故障应用电压测量法进行检修，检修时重点检测电源板。

检修要点：检修时具体检测电源板电压是否正常、电源插头是否松动、电源线是否损坏。

资料参考：此例属于电源板损坏，更换即可。电源板相关接线如图 4-104 所示。

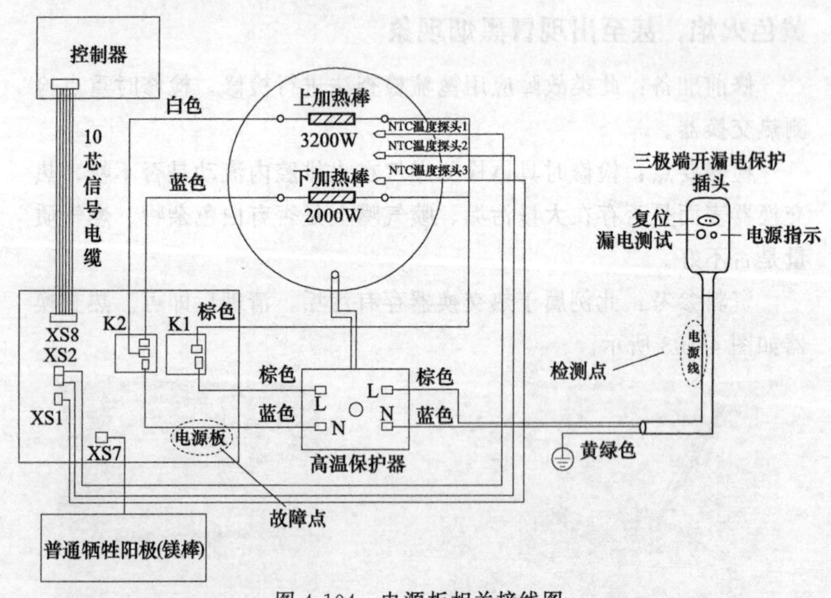

图 4-104　电源板相关接线图

二、机型现象：DG10156TI 型热水器不工作

修前准备：此类故障应用电压检测法进行检修，检修时重点检

测三极断开漏电保护插头。

检修要点：检修时具体检测电源电压是否正常、三极断开漏电保护插头是否损坏、电源线是否接触不良。

资料参考：此例属于三极断开漏电保护插头损坏，更换即可。三极断开漏电保护插头相关接线如图 4-105 所示。

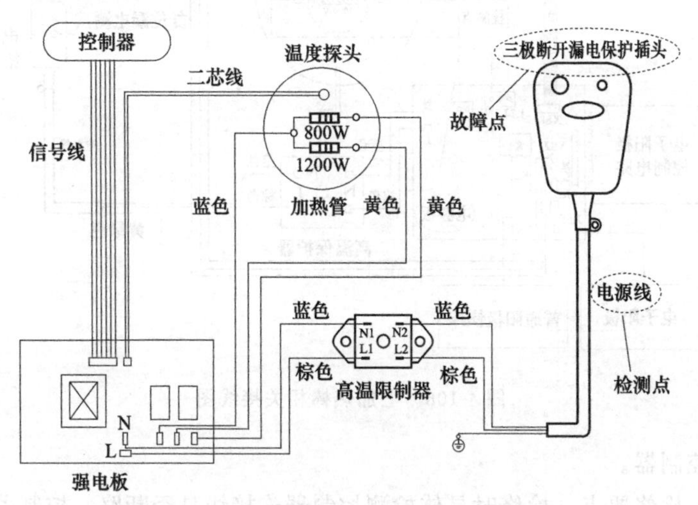

图 4-105 三极断开漏电保护插头相关接线图

三、机型现象：DG10165BTI 型电热水器不能加热

修前准备：此类故障应用电阻检查法进行检修，检修时重点检测上加热棒。

检修要点：检修时具体检测电源板、上加热棒、下加热棒以及控制器是否损坏。

资料参考：此例属于上加热棒损坏，更换即可。上加热棒相关接线如图 4-106 所示。

四、机型现象：DG80588ETI 型电热水器不加热

修前准备：此类故障应用电阻检查法进行检修，检修时重点检

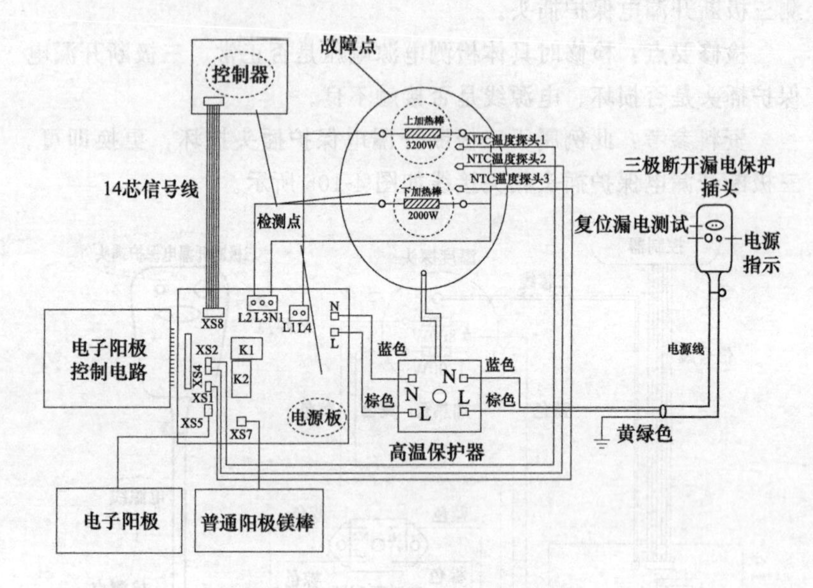

图 4-106　上加热棒相关接线图

测控制器。

检修要点：检修时具体检测控制器连接线是否断路、控制器是否损坏、上/下加热棒是否损坏。

资料参考：此例属于控制器损坏，更换即可。控制器相关接线如图 4-107 所示。

五、机型现象：DG85368STI 型电热水器不加热

修前准备：此类故障应用电压测量法进行检修，检修时重点检测控制器。

检修要点：检修时具体检测电源电压是否正常、控制器是否损坏、加热管是否损坏。

资料参考：此例属于控制器损坏，更换即可。控制器相关接线如图 4-108 所示。

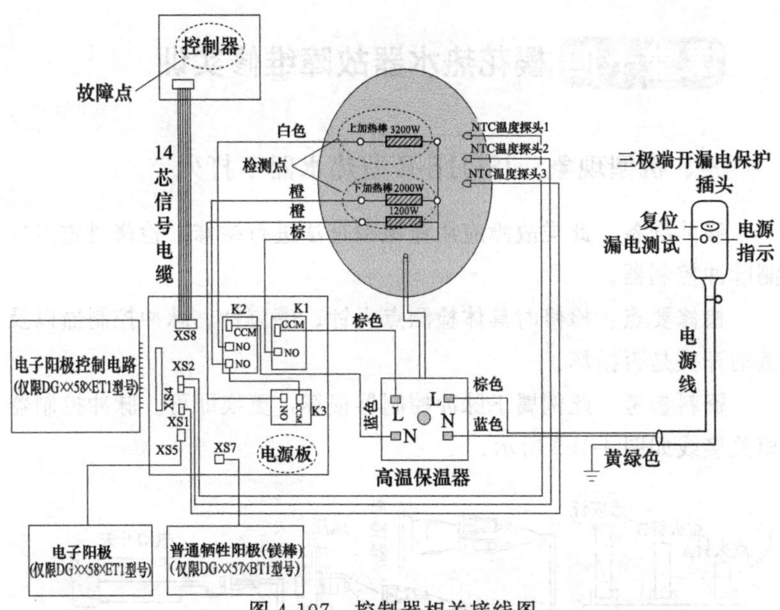

图 4-107　控制器相关接线图

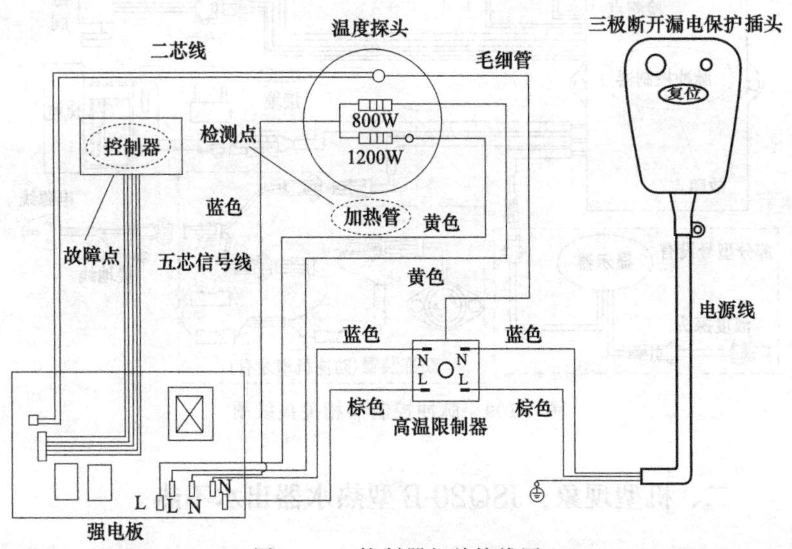

图 4-108　控制器相关接线图

课堂十四 樱花热水器故障维修实训

一、机型现象：JSQ15-B型热水器不打火

修前准备：此类故障应用篦梳检查法进行检修，检修时重点检测脉冲控制器。

检修要点：检修时具体检测点火针、感应针、脉冲控制器以及微动开关是否损坏。

资料参考：此例属于脉冲控制器损坏，更换即可。脉冲控制器相关接线如图 4-109 所示。

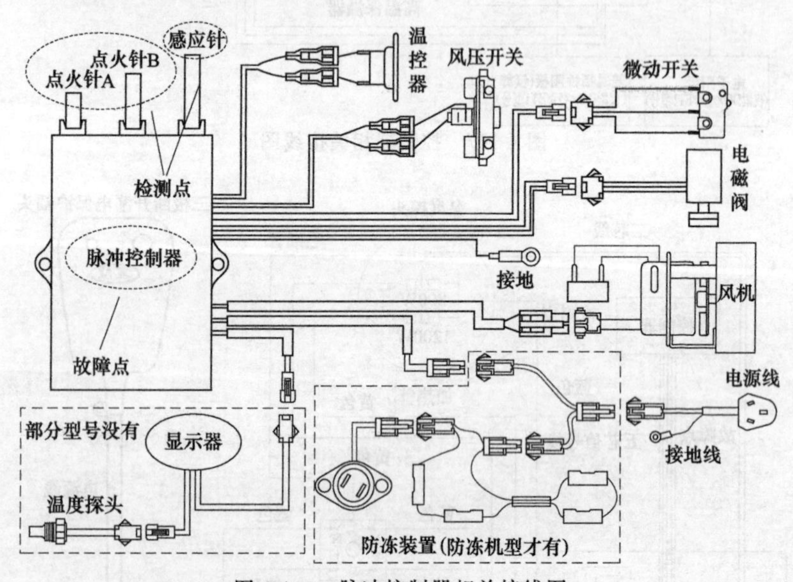

图 4-109 脉冲控制器相关接线图

二、机型现象：JSQ20-E型热水器出水不热

修前准备：此类故障应用篦梳检查法进行检修，检修时重点检

测出水温度传感器。

检修要点：检修时具体检测主电磁阀、点火器、出水温度传感器以及比例阀是否损坏。

资料参考：此例属于出水温度传感器损坏，更换即可。出水温度传感器相关接线如图 4-110 所示。

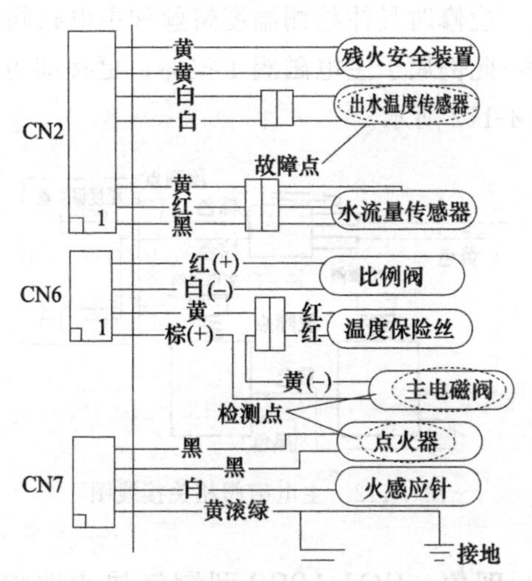

图 4-110 出水温度传感器相关接线图

三、机型现象：JSQ24-A 型热水器不工作

修前准备：此类故障应用电压测量法进行检修，检修时重点检测电源变压器。

检修要点：检修时具体检测电源电压是否正常、电源变压器是否损坏。

资料参考：此例属于电源变压器损坏，更换即

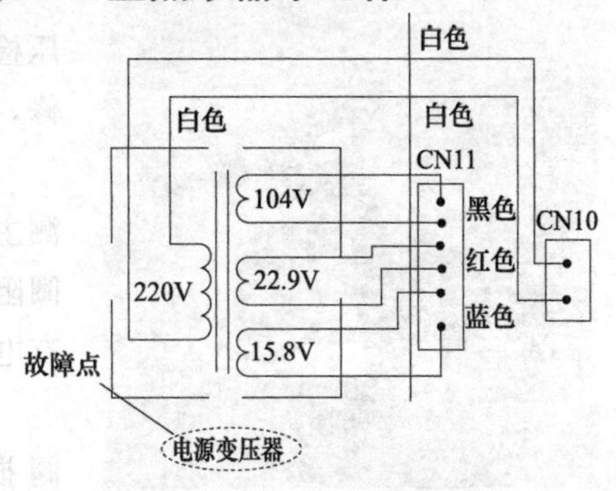

图 4-111 电源变压器相关接线图

可。电源变压器相关接线如图 4-111 所示。

四、机型现象：JSQ24-A 型热水器出水不热

修前准备：此类故障应用篦梳检查法进行检修，检修时重点检测温度熔丝。

检修要点：检修时具体检测温度熔丝和主电磁阀是否损坏。

资料参考：此例属于主电磁阀 1 损坏，更换即可。主电磁阀 1 相关接线如图 4-112 所示。

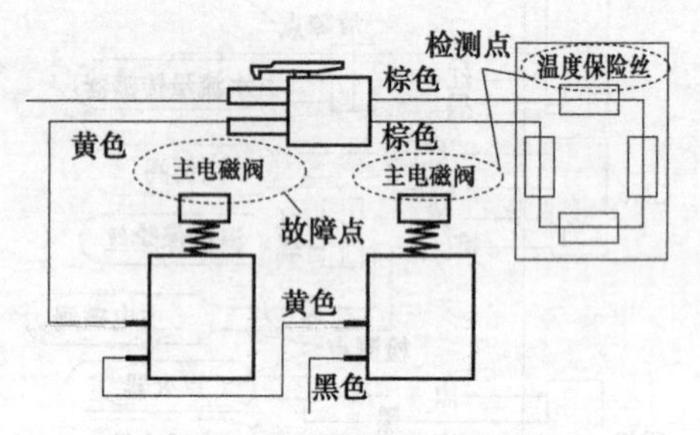

图 4-112 主电磁阀相关接线图

五、机型现象：SCJ-1082 型燃气热水器打火不燃，屏显“E1”

图 4-113 电磁阀

前准备：此类故障应用电压检测法和电阻检测法进行检修，检修时重点检测电磁阀。

检修要点：检修时具体检测主电磁阀两端有无电压及线圈阻值是否正常、主板上是否有电压输出。

资料参考：此例属于电磁阀损坏，电磁阀如图 4-113 所示。

六、机型现象：SHE-1001G 型储水式电热水器加热速度变慢

修前准备：此类故障应用电阻检查法进行检修，检修时重点检测电热管组。

检修要点：检修时具体检测电热管组 1000W 和 1500W 是否损坏、温控器是否损坏。

资料参考：此例属于温控器损坏，更换即可。温控器相关接线如图 4-114 所示。

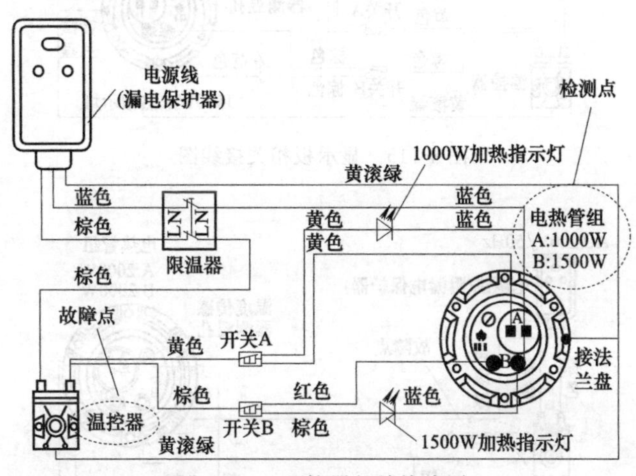

图 4-114　温控器相关接线图

七、机型现象：SHE-5002 型电热水器不能显示

修前准备：此类故障应用篦梳检查法进行检修，检修时重点检测显示板。

检修要点：检修时具体检测电源板与显示板连接线是否断掉，显示板是否损坏。

资料参考：此例属于显示板损坏，更换即可。显示板相关接线如图 4-115 所示。

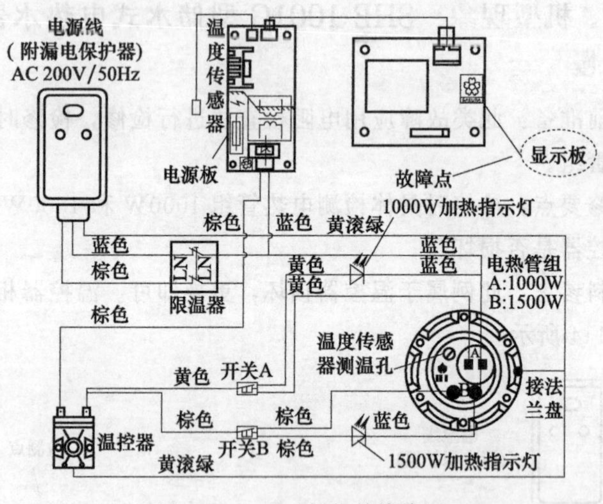

图 4-115 显示板相关接线图

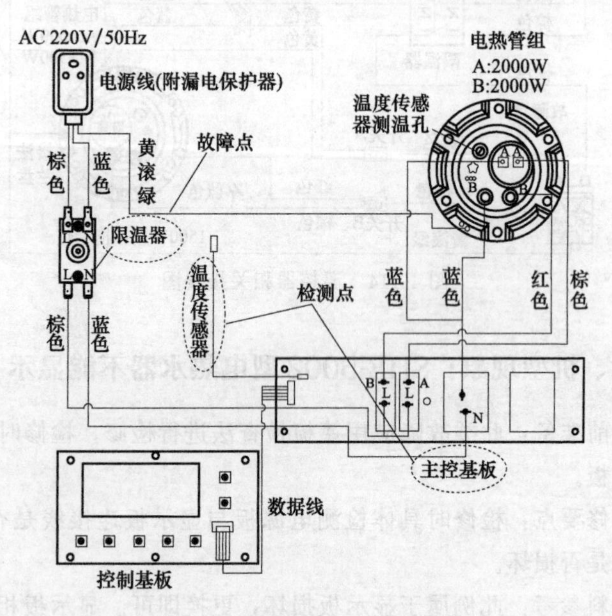

图 4-116 限温器相关接线图

八、机型现象：SHE-6012T 型电热水器水不够热

修前准备：此类故障应用电阻检查法进行检修，检修时重点检测限温器。

检修要点：检修时具体检测限温器、温度传感器以及主控基板是否损坏。

资料参考：此例属于限温器损坏，更换即可。限温器相关接线如图 4-116 所示。

九、机型现象：SHE-8000E 型电热水器不工作

修前准备：此类故障应用电压检测法进行检修，检修时重点检测温控器。

检修要点：检修时具体检测电源电压是否正常、电源线及温控器是否损坏。

资料参考：此例属于温控器损坏，更换即可。温控器相关接线如图 4-117 所示。

十、机型现象：SHE-8001B 型电热水器电源指示灯亮但出水不热

修前准备：此类故障应用电阻检查法进行检修，检修时重点检测电热管组。

检修要点：检修时具体检测电热管组、温控器以及限温器是否损坏。

资料参考：此例属于电热管组损坏，更换即可。电热管组相关接线如图 4-118 所示。

十一、机型现象：SHE-8015A 型电热水器不能加热

修前准备：此类故障应用电阻检查法进行检修，检修时重点检测电热管。

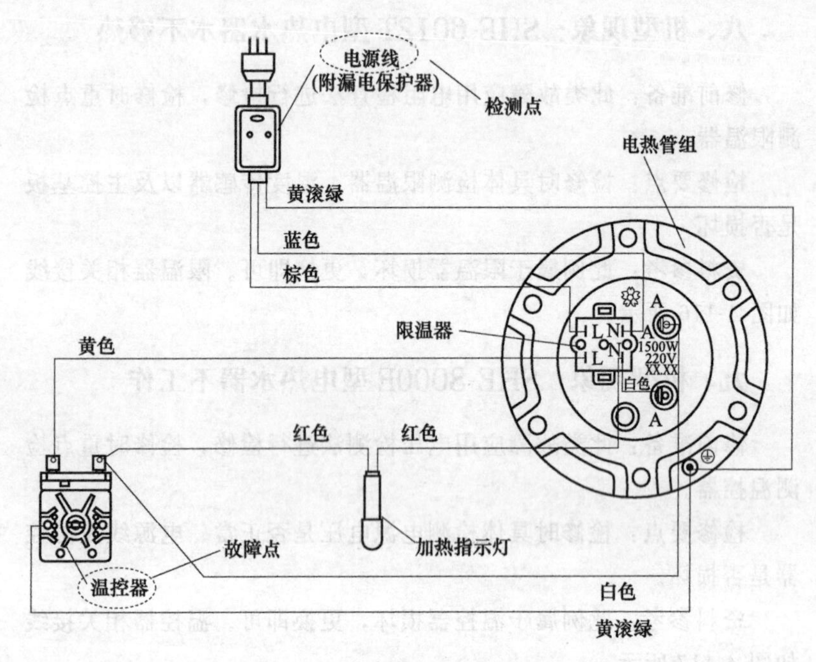

图 4-117　温控器相关接线图

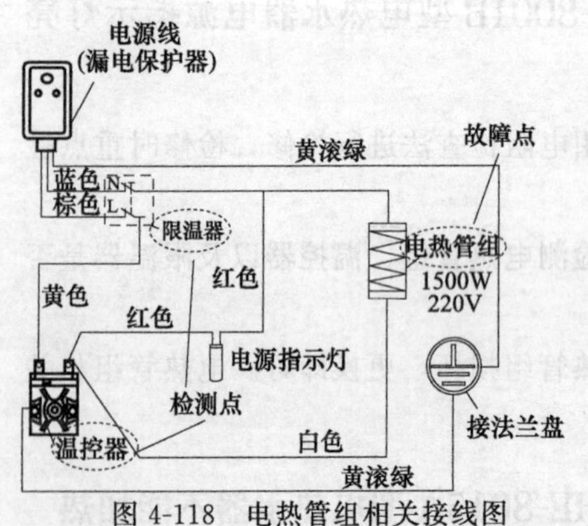

图 4-118　电热管组相关接线图

检修要点：检修时具体检测电热管、加热继电器以及温度传感器是否损坏。

资料参考：此例属于电热管损坏，更换即可。电热管相关接线如图4-119所示。

十二、机型现象：SHE-8075A 型储水式电热水器出水不热

修前准备：此类故障应用电阻检查法进行检修，检修时重点检测限温器。

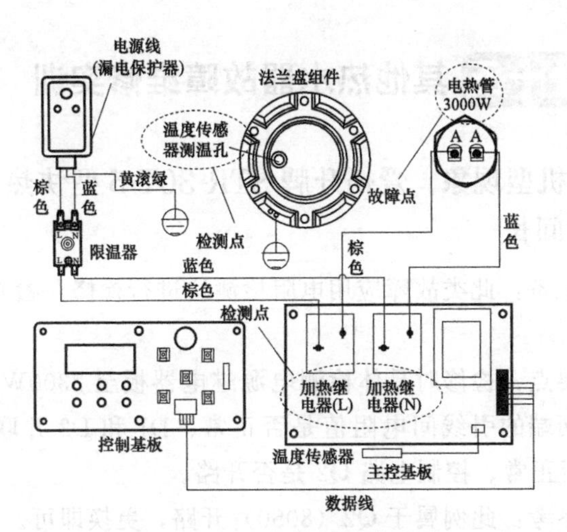

图 4-119 电热管相关接线图

检修要点：检修时具体检测限温器、温度传感器以及控制基板是否损坏。

资料参考：此例属于限温器损坏，更换即可。限温器相关接线如图 4-120 所示。

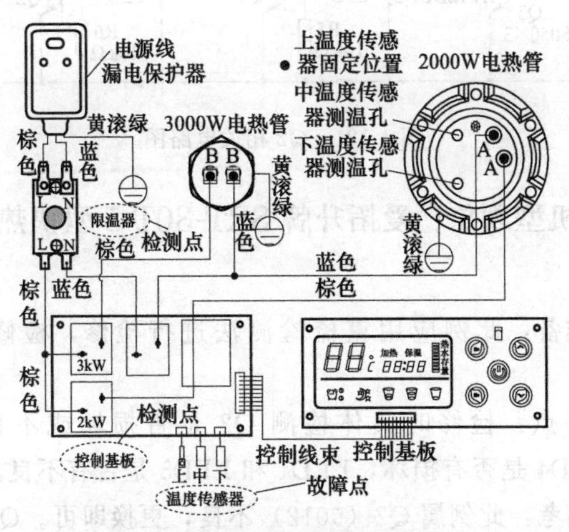

图 4-120 限温器相关接线图

课堂十五 其他热水器故障维修实训

一、机型现象：爱拓升牌 STR-30T-5 型快热式电热水器加热时间长

修前准备：此类故障应用电阻检测法进行检修，检修时重点检测 Q2。

检修要点：检修时具体检测电源继电器板至 2300W 和 3200W 两加热器两端的引线间电阻值是否正常、D1 和 D2 并联的两只继电器 J 是否正常、控制电路 Q2 是否开路。

资料参考：此例属于 Q2（8050）开路，更换即可。Q2 相关电路如图 4-121 所示。

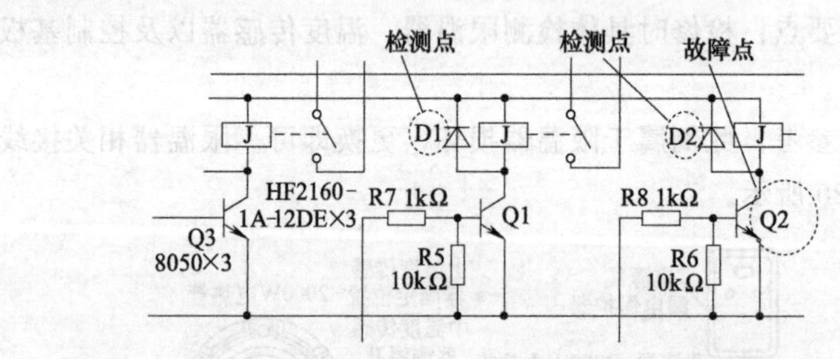

图 4-121 Q2 相关电路图

二、机型现象：爱拓升牌 SRT-30T-5 型快热式电热水器不显示

修前准备：此例应用篦梳检测法进行检修，检修时重点检测 Q2。

检修要点：检修时具体检测 Q2 是否损坏或不良，LED2、LED3、LED4 是否有损坏，LED1 和 LED5 是否有不良。

资料参考：此例属 Q2（9012）不良，更换即可。Q2 相关电路如图 4-122 所示。

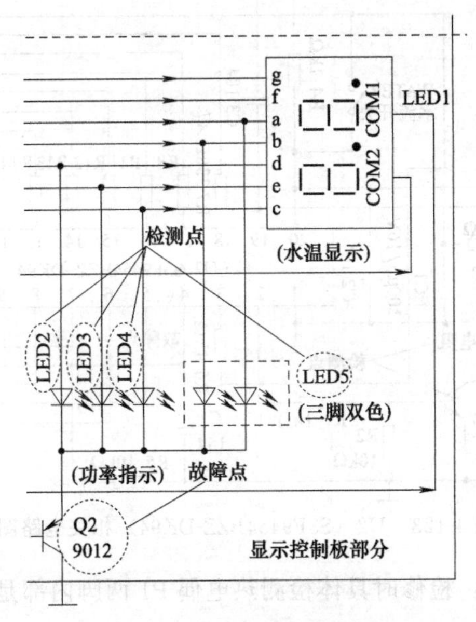

图 4-122　Q2 相关电路图

三、机型现象：爱拓升牌 STR-30T-5 型快热式电热水器不工作

修前准备：此类故障应用电阻检测法进行检修，检修时重点检测 U2（S3F9454BZZ-DK94）。

检修要点：检修时具体检测热敏电阻 NTC、U2（S3F9454BZZ-DK94）以及 Q1（9013）是否损坏。

资料参考：此例属于 U2（S3F9454BZZ-DK94）损坏，更换即可。U2（S3F9454BZZ-DK94）相关电路如图 4-123 所示。

四、机型现象：超人 60A 型储水式电热水器数码管一直显示为零

修前准备：此类故障应用篦梳检测法进行检修，检修时重点检测电偶 P1。

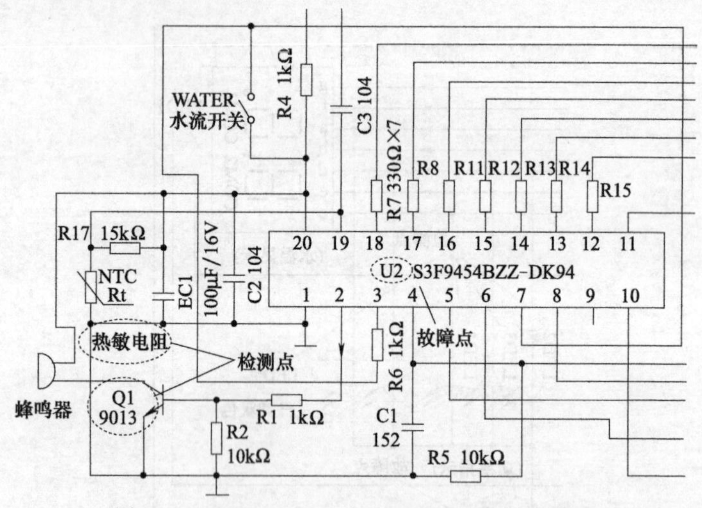

图 4-123　U2（S3F9454BZZ-DK94）相关电路图

检修要点：检修时具体检测热电偶 P1 两脚内部是否开路、U2 是否损坏。

资料参考：此例属于热电偶 P1 开路，更换即可。P1 相关电路如图 4-124 所示。

五、机型现象：乐林牌 YXD25-15 型电热水器开机无反应

修前准备：此类故障应用电压检测法进行检修，检修时重点检测变压器 T。

检修要点：检修时具体检测电源电压是否正常，变压器 T 和 10A 熔丝是否损坏，二极管 D1、D2 是否不良。

资料参考：此例属于变压器 T 损坏，更换即可。变压器 T 相关电路如图 4-125 所示。

六、机型现象：乐林牌 YXS25-15 型电热水器加电后既不加热，也不报警，绿指示灯也不亮

修前准备：此类故障应用电压检测法和电阻检测法进行检修，

检修时重点检测 BC2。

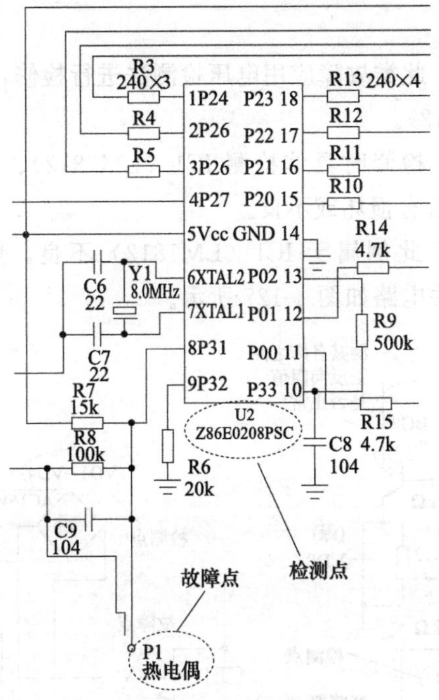

图 4-124 P1 相关电路图

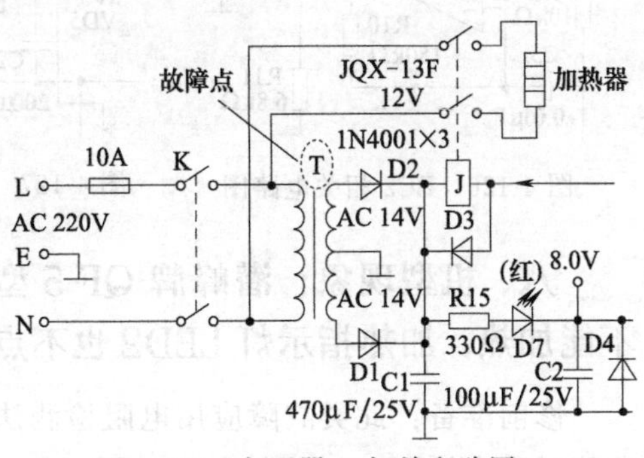

图 4-125 变压器 T 相关电路图

检修要点：检修时具体检测 D4（8.2V）两端电压是否为 8V 左右、LM324 第⑦脚输出是否为高电平、BC2 各脚之间的正反向电阻是否有异常。

资料参考：此例属 BC2 开路损坏，更换即可。BC2 相关电路如图 4-126 所示。

七、机型现象：潜峰牌 QF-5 型半自动电热水器通电后不工作

修前准备：此类故障应用电压检测法进行检修，检修时重点检测 IC1（LM7812）。

检修要点：检修时具体检测 IC1（LM7812）、变压器 T 以及 VD1～VD4 是否有损坏或不良。

资料参考：此例属于 IC1（LM7812）不良，更换即可。IC1（LM7812）相关电路如图 4-127 所示。

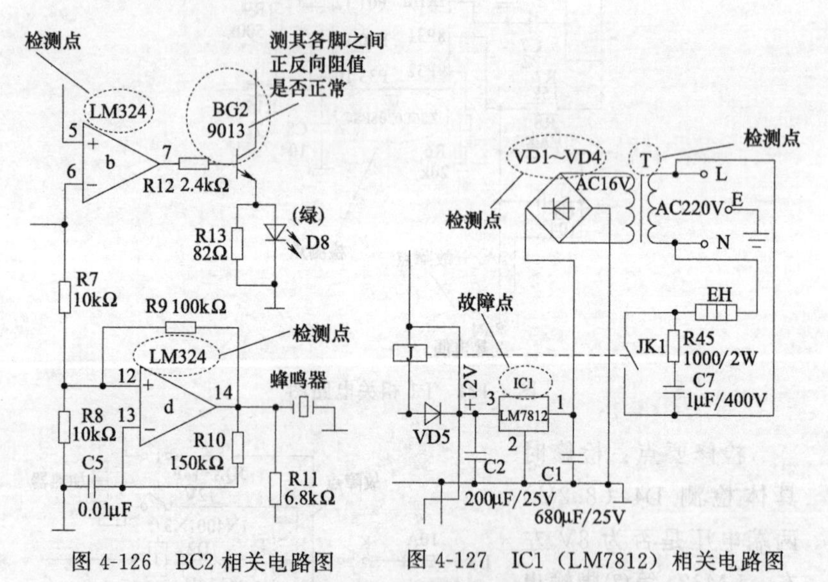

图 4-126　BC2 相关电路图　　图 4-127　IC1（LM7812）相关电路图

八、机型现象：潜峰牌 QF-5 型自动热水器接通电源不能加热，加热指示灯 LED2 也不点亮

修前准备：此类故障应用电阻检测法和电压检测法进行检修，检修时重点检测 R6。

检修要点：检修时具体检测加热器两端电阻值是否正常、IC1（7812）第③脚电压是否为＋12V、IC2A 第①脚电压是否为高电平

输出、R6是否损坏。

资料参考：此例属R6损坏，更换即可。R6相关电路如图4-128所示。

九、机型现象：沈乐满SR-6.5型燃气热水器不点火，无高压放电声，但LED亮

修前准备：此类故障应用电阻检测法进行检修，检修时重点检测VT3或脉冲高压产生电路。

检修要点：检修时具体检测振荡管VT3是否损坏，VT3直流偏置电路R10、R11是否开路，保护管VD2漏电或振荡变压器T1绕组是否开路，储能电容C4是否不良，升压变压器T2初、次级绕组是否开路。

资料参考：此例属于VD2漏电，更换即可。VD2相关电路如图4-129所示。

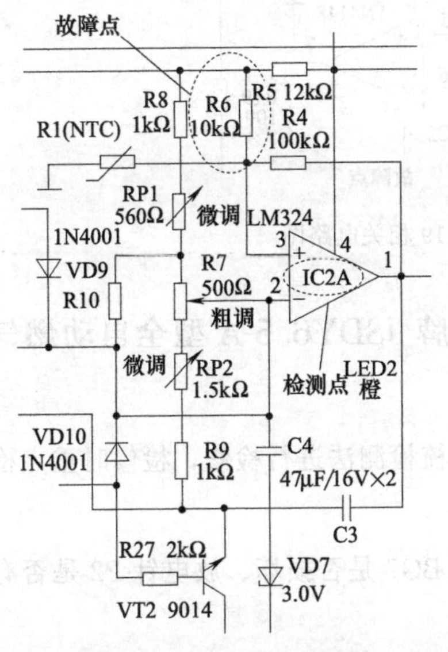

图4-128 R6相关电路图

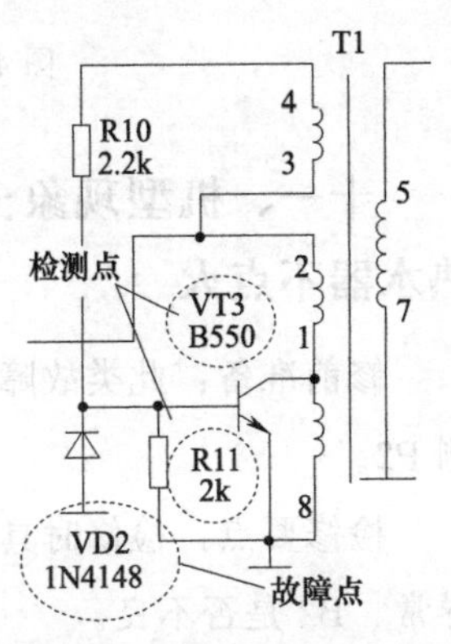

图4-129 VD2相关电路图

十、机型现象：沈乐满 SR-6.5 型燃气热水器工作不稳定，常常中途熄火

修前准备：此类故障应用电阻检测法进行检修，检修时重点检测 R19。

检修要点：检修时具体检测 R19 阻值是否变大、VT4 是否不良、燃气质量是否过差、火焰检测针表面是否氧化、火力调节手柄位置调整是否过低。

资料参考：此例属于电阻 R19 不良，更换即可。R19 相关电路如图 4-130 所示。

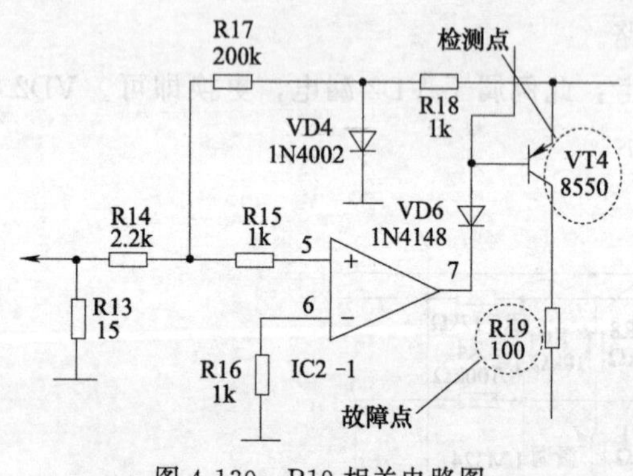

图 4-130 R19 相关电路图

十一、机型现象：通宝牌 JSDY6.5-A 型全自动燃气热水器不点火

修前准备：此类故障应用篦梳检测法进行检修，检修时重点检测 P2。

检修要点：检修时具体检测 BG7 是否损坏、放电针 P2 是否有异常、B2 是否不良。

资料参考：此例属于放电针 P2 损坏，更换即可。P2 相关电路

如图 4-131 所示。

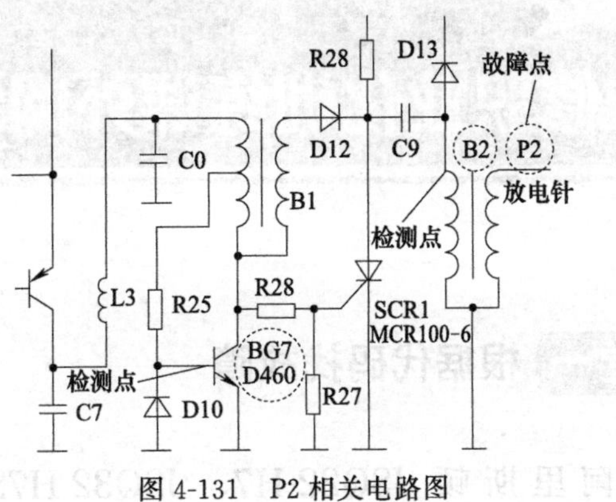

图 4-131　P2 相关电路图

Chapter 05

维修职业化训练课外阅读

课堂一 根据代码找故障

一、阿里斯顿 JSQ22-H7、JSQ32-H7S、JSG22-H7、JSG32-H7S 燃气热水器故障代码

代码	故障	备注(维修参考)
E1	点火不成功	此故障代码还适用于阿里斯顿 JSQ26-H7、JSQ22-H7S、JSQ26-H7S、JSQ22-H7B、JSQ26-H7B、JSQ22-H7R、JSQ26-H7R、JSQ40-H7S、JSQ32-H7B、JSQ40-H7B、JSQ32-H7R、JSQ40-H7R、JSG26-H7、JSG22-H7S、JSG26-H7S、JSQ22-H7B、JSG26-H7B、JSG22-H7R、JSG26-H7R、JSG40-H7S、JSG32-H7B、JSG40-H7B、JSG32-H7R、JSG40-H7R
E2	意外熄火或烟道堵塞	
E3	出水温度过高或空烧	
E4	温度传感器故障	
E5	30min 定时动作	
E6	假火焰	
E7	风扇电动机故障或转速异常	
E8	通信故障	

二、阿里斯顿 JSQ22-Si8、JSQ20-Mi8 燃气热水器故障代码

代码	故障	备注(维修参考)
E1	点火不成功	检查燃气开关是否打开;燃气压力是否正常
E2	意外熄火或烟道堵塞	检查燃气压力是否正常;水量是否充足;排烟管是否通畅
E3	出水温度过高或空烧	查看是水量是否太小,关闭水龙头再重新开启
E4	温度传感器故障	关闭电源,等待几秒钟,再重新启动热水器
E5	45min 定时动作	关闭水龙头再重新开启
E6	假火焰	
E7	风扇电动机故障或转速异常	
E8	通信异常	

三、奥特朗 DSF522/523/526 系列即热式电热水器故障指示及代码

代码	故障
“HE”和“超温”	超温保护功能
“L0”和“保护”	漏电保护功能
E1	出水传感器故障自检
E2	漏电自检功能
E3	进水传感器故障自检
E5	晶闸管过零自检功能

四、奥特朗 HDSF502/HDSF503/SDSF502/SDSF502 系列即热式电热水器故障指示及代码

代码	故障	备注(维修参考)
“保护”并长亮	超温	用冷水通过内胆降低其温度或自然冷却,可解除超温提示
“保护”和“L0”	漏电	
E1	温度传感器开路或短路	
E2	漏电线圈开路或短路	

五、长虹 JSQ25-13LS 燃气热水器故障代码

代码	故障	备注(维修参考)
E0	NTC 故障	温度传感器有问题
E1	点火故障	脉冲无高压脉冲输出;点火针安装不正确;无气或气压太低;气路通道开关阀没有正常开启;点火系统二次电压太小或比例阀中比例电磁阀故障
E2	火焰故障	
E3	空烧过热或温控器故障	温控器故障或水温超过设定温度温控器动作
E4	—	未定义代码
E5	风扇电动机故障	风扇电动机不转或无信号输出
E6	水温过高(≥85℃)连续 10s	出水温度超过控制系统设定最高限定温度或温度传感器故障
En	20min 定时停机	

六、长菱空气源热泵热水器故障代码

代码	故障
00E	缺相、逆相保护
01E	出水温度过高保护
02E	进出温差过高保护
03E	系统高压保护
04E	系统低压保护
05E	排气 1 高温保护
06E	水位开关保护
09E	通信故障
10E	盘管传感器 1 保护
11E	盘管传感器 2 保护
12E	环境温度传感器故障
13E	进水温度传感器故障
14E	出水温度传感器故障
15E	水箱温度传感器故障
16E	排气 1 传感器故障
17E	排气 2 传感器故障
18E	蒸进温度传感器故障
19E	蒸出温度传感器故障
21E	压缩机 1 过流保护
22E	压缩机 2 过流保护
25E	DRI 加热温度保护
26E	顺环水流开关故障
27E	水压开关故障
28E	排气 2 高温保护
29E	缺水保护
31E	旋码开关选择出错

七、鼎新 DX-M、N 系列即热式电热水器故障代码

代码	故障
E1	有漏电现象
E2	发生干烧
E3	内胆传感器故障
E4	内胆超温

八、格力空气源热泵热水器故障代码

代码	故障	备注(维修参考)
Fd	吸气感温包故障	1. 此故障代码适用于格力 KFRS-6、KFRS-8、 KFRS-3.5/A、 KFRS-5.0/A、KFRS-7.2A 空气源热泵热水器 2. 电源指示灯闪烁,手操器显示此表代码
F4	排气感温包故障	
FL	水箱中部感温包故障	
F3	室外环境感温包故障	
F6	室外中部感温包故障	
E1	高压保护	
E4	排气高温保护	
E6	通信故障	

九、关中 Eternal 智慧变频燃气热水器故障代码

代码	故障	备注(维修参考)
E1	发现残火	
E2	点火失败	1. 检查瓦斯管路、点火器、火焰棒;2. 检查 8P 排线和点火线之接头;3. 确认有无点火声;4. 检查瓦斯种类和瓦斯压力
E3	微火或不正常燃烧	1. 瓦斯供应量不足;2. 检查瓦斯阀;3. 检查 8P 排线和点火线之接头;4. 检查瓦斯种类和瓦斯压力;5. 检查输入电源电压
E4/E5	出口感温棒开路/开路	1. 检查出口感温棒;2. 检查 14P 排线和出口感温棒之接头
E6/E7	水箱感温棒开路/断路	1. 检查水箱感温棒;2. 检查 14P 排线和水箱感温棒之接头
E8/E9	入口感温棒开路/断路	1. 检查入口感温棒;2. 检查 14P 排线和入口感温棒之接头
E11	送风扇电动机故障	1. 检查电动机;2. 检查 6P 排线之接头
E13	水箱水量不足或水压开关故障	1. 检查水箱水量;2. 检查水压开关;3. 检查 14P 排线和水压开关之接头
E23	上混水阀未连接或掉落	1. 确认上混水动作噪声;2. 检查 16P 排线和上混水阀之接头
E24	下混水阀未连接或掉落	1. 确认下混水阀作动噪声;2. 检查 16P 排线和下混水阀之接头
E26	上混水阀故障	1. 确认上混水阀作动噪声;2. 检查 16P 排线和上混水阀之接头

续表

代码	故障	备注(维修参考)
E27	下混水阀故障	1. 确认下混水阀作动噪声;2. 检查16P排线和下混水阀之接头
E28	主瓦斯阀开路	1. 检查恒温器;2. 检查熔丝;3. 检查风压开关;4. 检查瓦斯阀、恒温器、熔丝、风压开关之接头
E30/E31	送风扇电动机转速太快/慢	
E36	瓦斯阀故障	
E37	SUB处理器失效	
E38	SUB RAM失效	
E39	SUB火焰信号失效	
E40	RAM体失效	
E41	火焰信号失效	
E42	ROM失效	
E43	MUX失效	
E47/E48	进气感温棒开路/断路	
E49	进气感温棒发现异常	
E50/E51	A室感温器断路/开路	1. 检查A室感温器;2. 检查12P排线和感温器之接头
E52/E53	B室感温器断路/开路	1. 检查B室感温器;2. 检查12P排线和感温器之接头
E54	瓦斯阀漏电	1. 检查瓦斯阀;2. 检查瓦斯阀接头
E56	水流量不足	1. 检查流量感知器;2. 检查循环泵和回路;3. 检查14P排线和流量感知器之接线
E57	泵浦未连接或掉落	1. 检查8P排线和泵浦之接线;2. 检查泵浦
E93	MCU主机无法通过CAN线传输	1. 检查3P排线和MCU之接线;2. 检查接线和电阻
E94	MCU副机无法取得主机信号	1. 检查3P排线和MCU之接线;2. 检查接线和电阻

十、果田SKJ-98H家用一体机空气源热泵热水器故障代码

代码	故障
A21	水温传感器T1故障
A22	盘管温度传感器T3故障
A23	压缩机排气温度传感器T4故障
A33	压缩机排气温度过高保护
A11	高压开关故障

续表

代码	故障
A12	低压开关故障
A34	通信故障

十一、海尔 3D、FCD 系列电热水器故障代码

代码	故障	备注(维修参考)
E1	线路故障	此故障代码适用于海尔 3D226H-J1、3D256H-J1、3D296H-J1、3D166-J1、3D196-J1、3D-HM40DI(E)、3D-HM40DI(HD)、3D-HM50DI(E)、3D-HM50DI(HD)、3D-HM60DI(E)、3D-HM60DI(HD)、3D-HM80DI(E)、3D-HM80DI(HD)、3D-HM100DI(E)、3D-HM100DI(HD)、FCD-HM50DI(E)、FCD-HM60DI(E)、FCD-HM80DI(E)、FCD-HM100DI(E)、FCD-HM50FI(E)、FCD-HM60FI(E)、FCD-HM80FI(E)、FCD-HM100FI(E)型电热水器
E2	1. 内胆未加满水 2. 相关元器件损坏	
E3	1. 室内温度低于零下 20℃ 2. 传感器损坏	

十二、海尔 JSG16-B1(Y/T/R)、JSG20-B1(Y/T/R)型燃气热水器故障代码

代码	故障	备注(维修参考)
E1	开机点不着火	此故障代码也适用于海尔 JSQ12-BW3(Y/T/R)、JSQ14-BW3(Y/T/R)、JSQ16-BW3(Y/T/R)、JSQ20-BW3(Y/T/R)型燃气热水器
E2	燃烧中途熄火	
E3	风扇电动机或烟道堵塞故障	
E4	出水温度过热或干烧保护	
E5	温度传感器故障	
E6	漏电保护故障	

十三、海尔 JSQ26-TFMA(Y/T/R)、JSQ26-TFMRA(Y/T/R)、JSQ32-TFMA(Y/T/R)、JSQ32-TFMRA(Y/T/R)型燃气快速热水器故障代码

代码	故障
E1	开机点不着火
E2	燃烧中途熄火
E3	风扇电动机故障
E4	出水温度过热保护
E5	温度传感器故障
E6	出水温度过热干烧保护、燃烧室损伤保护

十四、海尔 KF70/150-AE、KF70/200-AE、KF90/200-AE、KF90/300-AE、KF60/150-BE、KF60/200-BE 空气源热泵热水器故障代码

代码	故障	故障原因	备注(维修参考)
F2	压缩机保护	压缩机启动 5min 后环境温度不满足运行条件，关闭压缩机，启动电加热	故障解除后自动恢复
F3	压缩机保护	压缩机运行 30min 后排气温度≥120℃	仅显示故障代码，显示 6s 后退出，再次按照原流程启动风扇电动机和压缩机，连续 3 次故障后停止启动，需重新上电解除
F5	压缩机保护	压缩机运行 30min 后蒸发器温度≥30℃，超过 3min	
F6	压缩机过流保护	电流检测超过 15A，连续 2s	第一次报警后延时 15min 后启动，显示故障代码，显示 6s 后退出；第二次报警延时 30min 启动，仅显示故障代码，显示 6s 后退出；第三次报警后停止压缩机，一直显示故障代码
E1	漏电报警	当发生线路故障，系统自动切断电源	6s 后停止蜂鸣，显示故障代码，故障排除后重新上电解除
E2	超温报警	实际水温≥85℃	
E3	水箱温度传感器故障	传感器出现短路或断路	
E4	环境温度传感器故障	传感器出现短路或断路	
E5	化霜温度传感器故障	传感器出现短路或断路	
E6	排气温度传感器故障	传感器出现短路或断路	
E7	通信故障	主控板和显示板通信异常	
E8	压力开关保护	排气口压力开关动作	解除后自动恢复
E9	环境温度保护	环境温度<−7℃或者>45℃	

十五、海尔 LJSQ18-10X1（12T）、LJSQ20-12X1（12T）、LJSQ18-10X2（12T）、LJSQ20-12X2（12T）燃气热水器故障代码

代码	故障
E1	开机不点火
E2	燃烧中途熄火

续表

代码	故障
E3	风扇电动机故障
E4	出水温度过高保护
E5	温度传感器故障
E6	干烧保护
E7	通信故障
E8	对码失败
E9	大/小火拨码错误
F6	报警器故障

十六、海尔 PJJ2-180W、PJJ2-180P 型太阳能热水器故障代码

代码	故障
E1	线路故障,系统有漏电现象
E3	储水箱传感器损坏

十七、海尔 SW80VE-A1/B1、SW80VW-A1/B1、SW100VE-A1/B1、SW100VW-A1/B1、SW80VE-A2/B2、SW80VW-A2/B2、SW100VE-A2/B2、SW100VW-A2/B2 型太阳能热水器故障指示及代码

代码	故障	备注(维修参考)
E1	线路故障,系统有漏电现象	
E3	储水箱温度传感器损坏	
闪烁显示 85℃	长期未使用热水器,没有将热水排水;储水箱未装满水,加热管处于干烧状态	排放热水,温度降到 85℃以下系统能够自动恢复正常断电,给储水箱充满水后再重新通电

十八、华帝燃气热水器故障代码

代码	故障
E0	进水温度探头不良
E1	意外熄火
E2	热电偶保护
E3	风压过大
E4	风扇电动机及驱动电路不良
E5	高温保护
E6	出温度探头不良

续表

代码	故障
E7	气种开关选择不良
E8	20min 定时保护
E9	限位开关或者步进电动机不良
E10	操作不当

十九、惠而浦燃气热水器故障代码

代码	故障	备注(维修参考)
E0	进水温度探头故障	
E1	点火失败或意外熄火故障	
E2	燃烧异常造成热电偶保护	
E3	—	未定义代码
E4	风扇电动机故障保护	
E5	出水过热温度保护	
E6	出水温度传感器故障	

二十、凯旋牌电脑控制全自动燃气热水器故障代码

代码	故障	故障原因
E0	接口故障	温度传感器开路或短路
E1	点火系统故障	点火结束后,还未检测到火焰
E2	燃气不足或意外熄火	正常燃烧后,检测不到火焰
E3	出水温度过高	出水温度超过 80℃或干烧
E4	电池故障	电池电压低于 2V

二十一、科霖空气源热泵热水器故障代码

代码	故障	备注(维修参考)
E0	水温温度传感器短路或开路	适用于科霖 KL-1.0-100F、KL-1.0-150F、KL-1.0-200F、KL-1.5-260F、KL-1.5-320F、KL-2.0-500F 等机型
E1	化霜温度传感器短路或开路	
E2	水流开关故障	
E3	环境温度传感器短路或开路	
E4	排气温度过高保护	
E5	系统高压保护	
E6	系统低压保护	
E7	压缩机排气感温探头短路或开路	
E8	冬季防冻保护	
E9	线控器通信故障	
EA	电源错相或缺相	

二十二、力诺瑞太阳能热水器的 LPZC-C02 型测试仪故障指示及代码

代码	故障	排除方法
E1	测控仪信号线紧固螺钉未旋紧或信号线断线	旋紧螺钉或更换信号线
温度显示“——”	水温传感器损坏	更换水温水位传感器

二十三、林内 JSG16-C、JSG20-C 强制给排气燃气快速热水器故障指示

燃烧指示灯闪烁次数	故障	备注(维修参考)
2	机器内温度异常	(1)机器或使用方法不正常时,会自动停止运转,运行指示灯熄灭,燃烧指示灯闪烁显示故障代码。此时请暂时关闭热水龙头后再打开,或关闭温度控制器的运转开关后再打开 (2)再操作一次而运行指示灯不亮或再度故障信号闪烁时,请务必关闭燃气阀,拔掉电源插头(分电盘开关拨至“切”位置)
3	点火不良	
4	温度熔丝熔断或过热防止装置启动	
5	沸腾检知	
6	温度感应装置故障	
8	风扇电动机转速异常	
9	电磁阀驱动回路异常	
10	熄火保护电路感应装置异常	
11	熄火安全装置启动	
12	机器内温度电阻故障	

二十四、林内 JSQ40-J、JSQ48-J 电脑遥控强制排气式燃气快速热水器故障代码

代码	故障	备注(维修参考)
02	60min 定时动作	(1)机器或使用方法不正常时,会自动停止运转,液晶显示屏显示故障代码。此时请暂时关闭热水龙头后再打开,或关闭主遥控器的运转开关后再打开
10	开机时风扇电动机初期电流异常;使用中风扇电动机电流异常	
11	点火不良	
12	熄火安全装置启动	
14	温度熔丝熔断或过热防止装置动作	

续表

代码	故障	备注(维修参考)
16	沸腾检知	(2)再操作一次而液晶显示屏没有显示或再度显示故障代码时,请务必关闭燃气阀,拔掉电源插头(分电盘开关拨至“切”位置)
32	温度感应装置故障	
61	风扇电动机异常	
71	电磁阀驱动回路异常	
72	熄火保护电路感应装置异常	

二十五、林内 JSW41-K2402W 户外电脑遥控强制排气式燃气快速热水器故障代码

代码	故障	备注(维修参考)
10	热负荷降低运转中(进气或排气口堵塞)	(1)机器或使用方法不正常时,会自动停止运转,数字显示器显示故障代码。此时请先暂时关闭热水龙头后再打开,或关闭温度控制器的运转开关后再打开 (2)再操作一次而数字显示器没有显示或再度显示故障代码时,请务必关闭燃气阀,拔掉电源插头(分电盘开关拨至“关”位置)
11	点火不良	
12	熄火安全装置启动	
14	温度熔丝熔断或过热防止装置动作	
16	沸腾检知	
19	遥控器导线(或机内线束)与地短路	
29	中和器堵塞	
32	热水温度传感器故障	
33	热交换器温度传感器故障	
52	燃气比例阀异常	
61	风扇电动机转速异常	
65	水量伺服阀异常(止水不良)	
66	分流比伺服装置异常	
71	电磁阀驱动回路异常	
72	熄火保护电路感应装置异常	
90	风扇电动机初期电流异常(给排气管堵塞、异常)	
92	中和器交换预告(寿命将到,暂时还能使用)	
93	中和器交换(寿命已到)	
99	机器运行停机(燃烧异常)	

二十六、美的空气源热泵热水器故障代码

代码	故障
E2	通信故障
E4	水箱内水温传感器故障
E5	冷凝器管温传感器故障
E6	环境温度传感器故障
E7	进水温度传感器故障
E9	排气温度传感器故障
Ed	制冷剂出口温度传感器故障
P0	系统低压保护
P1	系统高压保护
P2	系统电流保护
P5	冷凝器高温保护
P8	出水温度过高保护
P9	排气高温保护
Pd	防冻结保护

二十七、美林空气源热泵热水器故障代码

代码	故障
A11	外部告警
A21	水温探头有故障
A22	外机探头有故障
A23	排气探头有故障
A33	排气温度过高

二十八、能率燃气热水器故障代码

代码	故障
E0	进水温度探头不良
E1	意外熄火
E2	热电偶保护
E3	风压过大
E4	风扇电动机及驱动电路不良
E5	高温保护
E6	出水温度探头不良
E7	气种开关选择不当
E8	20min 定时保护
E9	限位开关或者步进电动机不良
E10	操作不当

二十九、派沃工程机空气源热泵热水器故障代码

代码	故障
00E	缺相逆相保护
02E	出水过热保护
04E	低压开关 1 故障
06E	水位开关坏
08E	低压开关 2 故障
10E	盘管传感器 2 故障
12E	环境传感器故障
14E	回水传感器故障
01E	水流开关
03E	高压开关 1 故障
05E	排气管温过热故障
07E	高压开关 2 故障
09E	通信故障
11E	盘管传感器 1 故障
13E	出水传感器故障
15E	水箱传感器故障

三十、派沃家用机空气源热泵热水器故障代码

代码	故障
05	高压开关故障
06	低压开关故障
09	通信故障
12	排气温度过高故障
15	水箱温度传感器故障
16	盘管温度传感器故障
18	排气温度传感器故障
21	环境温度传感器故障

三十一、清华阳光 TH-YB-Y-A-Ⅲ型太阳能热水器故障代码

代码	故障	备注(维修参考)
E1	温度传感器断路	出现故障后,蜂鸣器会响几声,同时关闭所有操作。此时应关闭电源排除故障后再使用
E2	温度传感器短路	
E4	探头单片机故障	
E8	通信线路故障;探头板故障;主机故障	

续表

代码	故障	备注(维修参考)
E9	水压低上水时间过长;电磁阀没有打开;电磁阀故障;传感器故障;主机故障	出现显示屏无显示应检查熔丝管和漏电保护器是否正常
EC	防干烧保护;探头故障	

三十二、史密斯 CEWH-50PM6、CEWH-60PM6、CEWH-80PM6、CEWH-100M6 储水式电热水器故障代码

代码	故障	备注(维修参考)
E0	黑色温度探头开路或短路	
E1	蓝色温度探头开路或短路	
E2	白色探头开路或短路	
E3	红色探头开路或短路	
EA	超高温	
EH	低电压保护(使用电压低于 176V)	
EL	继电器粘连	

三十三、史密斯 EWH-40MINI 储水式电热水器故障代码

代码	故障
E1	黑色温度探头开路或短路
E2	白色探头开路或短路
E3	超高温
E5	低电压保护
E6	红色探头开路或短路
E7	蓝色温度探头开路或短路
EA	继电器粘连

三十四、史密斯 JSQ33-E、JSQ33-EX、JSQ26-EX、JSQ26-E、JSQ22-E、JSQ22-EX 全自动燃气快速热水器故障指示及代码

代码	故障	故障原因
E0	进水温度传感器故障	进水温度传感器开路、短路
E1	点火失败	点火时间内点不着火
E2	意外熄火	点着火后熄火
E3	过热干烧	NTC≥90℃或过热保护断开
E4	CO 超标	CO 超标报警

续表

代码	故障	故障原因
E5	风扇电动机转速异常	风扇电动机转速过高或过低
E6	通信故障	遥控与控制器信号通信异常
E8	出水温度异常	设定温度48℃以下，但出水温度大于60℃
E9	风扇电动机电流异常	风压过大或排气管道堵塞或电动机电流异常
Ea	出水温度传感器故障	出水温度传感器开路、短路
Eb	开机残火故障	开机前或关机后检测有火
Ec	比例阀电流异常	比例阀电流异常
Ed	进水温度过高	机器检测到进水温度超过50℃或进水温度≥设定温度
F0	过热保护器故障	双金属片保护器断开
F1	机型不匹配	机型设置不正确
定时标志闪烁	定时关机保护	限时连续使用时间30min到，重新关水后再开水一次即可

三十五、史密斯SRHN-150A1承压式太阳能热水器（带电辅助加热）故障代码

代码	故障
E1	上水检测探头开路或短路
E2	温度温控探头开路或短路
Ec	上水超时
EL	低电压保护

三十六、舒华家用空气源热泵热水器故障代码

代码	故障
05	高压开关故障
06	低压开关故障
09	通信故障
12	排气温度过高故障
15	水箱温度传感器故障
16	盘管温度传感器故障
18	排气温度传感器故障
21	环境温度传感器故障
28	回气温度传感器故障

三十七、帅康 DSF-40/45/50/55/60/65/70/60Ⅱ/80/100DSU、DSF-40/45/50/55/60/65/70/60Ⅱ/80/100DSUL、DSF-40/45/50/55/60/65/70/60Ⅱ/80/100DSUY 储水式电热水器故障指示及代码

代码	故障
E0,蜂鸣器每 5s 鸣叫一声	电流互感器故障保护
E1,蜂鸣器每 5s 鸣叫一声	漏电故障保护
E2,蜂鸣器每 5s 鸣叫一声	干烧保护,热水器未注满水
E3,蜂鸣器每 5s 鸣叫一声	存储器故障保护
E4,蜂鸣器每 5s 鸣叫一声	传感保护,传感器短路或开路

三十八、帅康 JSQ20-10BG01、JSQ22-11BG01 燃气热水器故障代码

代码	故障
E0	出水探头故障
E1	点火失败或意外熄灭
E3	温控器故障
E4	进水探头故障
E5	风扇电动机故障
E6	超温保护
E7	气种选择开关错误
En	连续工作时间超过设定时间

三十九、水仙 LJSQ20-1112 燃气热水器故障代码

代码	故障	故障原因
E1	点火失败	1. 停气或燃气阀门未打开;2. 燃气管路太长
E2	意外熄火	1. 停气或燃气用完;2. 燃气压力太低;3. 感焰线松脱或感焰针接触火排
E3	超温	1. 燃气压力太高;2. 水流量太小,而设定温度高
E4	排风故障	1. 室外刮大风导致排烟不畅;2. 风压开关故障或风压管松脱;3. 排烟管堵塞
E5	电磁阀故障	1. 电磁阀接线端子接触不良;2. 电磁阀损坏
E6	残火或开机前有火焰故障	1. 燃气阀门关不住;2. 火焰探测有故障

续表

代码	故障	故障原因
E7	防干烧装置动作	
E8	停电保护	
En	定时保护	热水器工作超过设置时间
E0	温度传感器松脱	

四十、天舒空气源热泵热水器故障代码

代码	故障	故障原因	备注(维修参考)
00	水流开关故障	1. 端子排5、6没有短接或安装水流开关失灵； 2. 水流开关划片是否断裂，开关触点是否接通	
01	水温传感器故障	1. 水箱传感探头是否没有连接好； 2. 维修或更换； 3. 温度检测器阻值飘移	注：有故障保护时，显示故障代码并闪烁。出现通信故障时，线控器显示代码(31)；若意外(如断线等)导致通信故障，在故障修复后，需要重新开机才可以消除故障代码的显示。压缩机均衡运行，开机运行时，首先开启运行时间短的压缩机，时间以分钟为单位，当达到停机要求时，首先停运行时间长的压缩机，开机时开启运行时间短的压缩机，如此循环
02	防冻保护故障(单机组)	1. 防冻开关线是否没有连接好； 2. 感温包是否漏气或铜管是否断开	
03	防冻保护故障(双机组)	1. 防冻开关线是否没有连接好； 2. 感温包是否漏气或铜管是否断开	
04	断相逆相保护	1. 380V电压是否正常； 2. 380V三相电源是否断相； 3. 380V三相电源是否相序出错	
05	出水温度小于水箱温度传感器3℃	功能已取消	
06	环境温度传感器故障	1. 水箱传感探头是否连接好； 2. 维修或更换； 3. 温度检测器阻值是否飘移	
10	除霜传感器1故障	1. 除霜传感器探头是否连接好； 2. 维修或更换； 3. 温度检测器阻值是否飘移	
11	系统1高压开关故障	1. 清洗管道过滤网或主机换热器确保水循环正常； 2. 压缩机是否过流并断电复位； 3. 水箱温度传感器阻值飘移或传感器探头未安放到位引起水温过高	

续表

<table>
<tr><th>代码</th><th>故障</th><th>故障原因</th><th>备注(维修参考)</th></tr>
<tr><td>12</td><td>系统1低压开关故障</td><td>1. 风扇电动机是否运转正常；
2. 蒸发器是否结霜严重；
3. 系统制冷剂是否泄漏</td><td rowspan="13">注：有故障保护时，显示故障代码并闪烁。出现通信故障时，线控器显示代码(31)；若意外(如断线等)导致通信故障，在故障修复后，需要重新开机才可以消除故障代码的显示。压缩机均衡运行，开机运行时，首先开启运行时间短的压缩机，时间以分钟为单位，当达到停机要求时，首先停运行时间长的压缩机，开机时开启运行时间短的压缩机，如此循环</td></tr>
<tr><td>13</td><td>压缩机1排气温度传感器故障</td><td>1. 水箱传感探头是否没有连接好；
2. 维修或更换；
3. 温度检测器阻值是否飘移</td></tr>
<tr><td>14</td><td>压缩机1排气温度大于110℃</td><td>1. 清洗管道过滤网或主机换热器确保水循环正常；
2. 温度检测器阻值是否飘移；
3. 系统是否缺氟</td></tr>
<tr><td>15</td><td>压缩机1断线或过流保护</td><td>1. 线控操作器是否连接好；
2. 清洗管道过滤网或主机换热器确保水循环正常</td></tr>
<tr><td>20</td><td>除霜传感器2故障</td><td>1. 除霜传感器探头是否没有连接好；
2. 维修或更换；
3. 温度检测器阻值是否飘移</td></tr>
<tr><td>21</td><td>系统2高压开关故障</td><td>1. 清洗管道过滤网或主机换热器确保水循环正常；
2. 压缩机是否过热并断电复位；
3. 水箱温度传感器阻值飘移或传感器探头未安放到位</td></tr>
<tr><td>22</td><td>系统2低压开关故障</td><td>1. 风扇电动机是否运转正常；
2. 蒸发器是否结霜严重；
3. 系统制冷剂是否泄漏</td></tr>
<tr><td>23</td><td>压缩机2排气温度传感器故障</td><td>1. 水箱传感探头是否没有连接好；
2. 维修或更换；
3. 温度检测器阻值是否飘移</td></tr>
<tr><td>24</td><td>压缩机2排气温度大于110℃</td><td>1. 清洗管道过滤网或主机换热器确保水循环正常；
2. 温度检测器阻值是否发生飘移；
3. 系统是否缺氟</td></tr>
<tr><td>25</td><td>压缩机2断线或过流保护</td><td>1. 线控操作器是否连接好；
2. 清洗管过滤网或主机换热器确保水循环正常</td></tr>
<tr><td>30</td><td>环境温度低于−10℃</td><td>机组正常停机，并注意防冻，温度恢复后正常</td></tr>
<tr><td>31</td><td>通信故障</td><td>线控操作器是否连接好或主板有问题</td></tr>
</table>

四十一、同益家用型（KRS-1F、1.5F、2F等）空气源热泵热水器故障代码

代码	故障	故障原因	备注(维修参考)
E1	水温度传感器故障	水温度传感器开路或短路	有些机型没有水泵水流保护开关、压缩机保护开关、压缩机低压保护开关，使用时应将相应的保护开关短接，机器才会工作
E3	盘管温度传感器故障	盘管温度传感器开路或短路	
E4	水流不足保护故障	系统水流量不足，水管路堵塞；水流开关失灵，断开	
E5	高压保护故障	高压保护开关断开	
E6	综合保护故障	外置保护开关损坏，断开	
E8	制冷水温低于5℃		

四十二、同益中央型（KRS-3G、5G、10G等）空气源热泵热水器故障代码

代码	故障	故障原因
E1	水温度传感器故障	出水温度传感器开路或短路
E2	回水温度传感器故障	回水温度传感器短路或开路
E3	环境温度传感器故障	环境温度传感器开路或短路
E4	盘管温度传感器故障	盘管温度传感器开路或短路
E5	除霜温度传感器故障	除霜温度传感器短路或开路
E6	水流不足保护故障	系统水流量不足，水管路堵塞；水流开关失灵，断开
E7	压缩机1高压保护故障	压缩机高压保护开关断开
E8	压缩机1低压保护	
E9	压缩机2高压保护	
E10	压缩机2低压保护	
E11	水泵过载	
E12	压缩机1过载	
E13	压缩机2过载	
E14	冬季防冻保护	
E15	制热回水温度太高	
E16	制热回水温度太低	
E17	风扇电动机过载	
E18	备用端口SET-S	
E19	操作面板接错线	

四十三、万和JSQ21-10C燃气热水器故障代码

代码	故障原因
E0	1. 点火器及线插有故障；2. 温度探头插线接触不良；3. 主控制板有问题
E1	1. 点火器及线插有故障；2. 燃气阀总成损坏；3. 反馈针折断或线松脱；4. 无燃气供给；5. 主控制板有故障

续表

代码	故障原因
E2	1. 热电偶的线插端子接触不良;2. 热电偶接地不良;3. 热电偶失效;4. 热电偶动作保护;5. 燃气燃烧不正常;6. 主控制板故障
E4	1. 风扇电动机线路松脱或有故障;2. 电容器失效;3. 风扇电动机霍尔传感器故障;4. 控制板总成有故障
E5	1. 水阀体内有阻塞,水流过小;2. 水箱结水垢阻塞;3. 出水管道有阻塞或水压过小;4. 燃气比例阀失效;5. 温度探头失效;6. 控制板总成有故障
E6	1. 温控器损坏;2. 控制板总成有故障
E7	1. 气种选择开关位置不对;2. 主控制板损坏;3. 拨码开关接触不良

四十四、万家乐 JSYDQ8-2000 型燃气热水器故障代码

代码	故障
E1	不能点火
E2	风压异常
E3	过热保护器动作
E4	测温连线断路
E5	水温过高(过热保护)

四十五、西门子 DG35021TI、DG45121TI、DG60121TI、DG80121TI、DG10120TI 型电热水器故障指示及代码

代码	故障	排除方法
55、65、75,灯闪烁亮	水温超过上限 85℃	放出热水,加满冷水后,再使用
45、55、65、75,灯闪烁亮	温升速率到达 10℃/min	将内胆内注满水后,重新插电使用
35、45、55、65、75,灯闪烁亮	电热水器得到了漏电信号	如果是按了漏电自检键,停止操作后机器恢复正常工作状态
35、45、55,灯闪烁亮	温度传感器开/短路	接好传感器,并重新接插电源

四十六、西门子DG5036XTI、DG6036XTI、DG6536XTI、DG7536XTI、DG8536XT8I 型电热水器故障代码

代码	故障	排除方法
E0	温度到达 85℃或更高	将内胆内注满水后，重新插电使用
E1	加热管干烧	将内胆内注满水后，重新插电使用
E2	电热水器得到了漏电信号	检查是否有漏电的情况，重新接插电源
E3	温度传感器开路或短路	接好传感器，并重新接插电源
E4	电压高于 250V	待电压正常后重新接通电源

四十七、新时代空气源热泵热水器故障代码

代码	故障	故障表现
E0	缺漏相报警	全机停
E1	水流开关故障	全机停
E2	压缩机 1 高压或过载故障	停压缩机 1
E3	压缩机 1 低压故障	停压缩机 1
E4	压缩机 2 高压或过载故障	停压缩机 2
E5	压缩机 2 低压故障	停压缩机 2
E6	风扇电动机故障	全机停
E7	水流开关故障	全机停
E9	水箱温度传感器故障	全机停
EA	环境温度传感器故障	显示错误代码
EB	1＃盘管温度传感器故障	取消压缩机 1 温度检测除霜
EC	2＃盘管温度传感器故障	取消压缩机 2 温度检测除霜
ED	出水温度传感器故障	显示错误代码

四十八、扬子 F 系列家用型空气源热泵热水器故障代码

代码	故障	故障原因	备注(维修参考)
E1	水温度传感器有问题	水温传感器开路或短路	此故障代码适应于扬子 YZRS-010F、YZRS-015F、YZRS-020F 型空气源热泵热水器
E2	环境温度传感器有问题	环境温度传感器开路或短路	
E3	盘管温度传感器有问题	盘管温度传感器开路或短路	
E4	水流开关保护有问题	1. 水流开关断开；2. 水泵没启动；3. 水流量不足；4. 水管路堵塞	
E5	高压保护	1. 高压保护断开；2. 水泵功率偏小；3. 水流量不足	

续表

代码	故障	故障原因	备注(维修参考)
E6	低压保护	1. 低压保护断开;2. 制冷剂不足	此故障代码适应于扬子 YZRS-010F、YZRS-015F、YZRS-020F 型空气源热泵热水器
E7	出水温度传感器有问题	出水传感器开路或短路	
E8	缺水保护	1. 储水箱缺水;2. 水位线断路;3. 补水阀不工作;4. 补水速度慢	
E9	水流不足保护	1. 进出水温差大;2. 水流量不足;3. 水管路堵塞;4. 水泵故障	

四十九、扬子 G 系列商用型空气源热泵热水器故障代码

代码	故障	故障原因	备注(维修参考)
E1	回水温度传感器有问题	水温传感器开路或短路	此故障代码适应于扬子 YZRS-2G/DT、YZRS-3G/DT、YZRS-2G/DST、YZRS-050G/DT、YZRS-10G/DST 型空气源热泵热水器
E2	环境温度传感器有问题	环境传感器开路或短路	
E3	盘管温度传感器 1 有问题	盘管传感器开路或短路	
E4	水流开关有问题	1. 水流开关断开;2. 水泵没有启动;3. 水流量不足;4. 水管路堵塞	
E5	高压保护 1 问题	1. 高压保护断开;2. 水泵功率偏小;3. 水流量不足	
E6	低压保护 1 问题	1. 低压保护断开;2. 制冷剂不足	
E7	出水温度问题	出水传感器开路或短路	
E8	缺水保护	1. 储水箱缺水;2. 水位线断路;3. 补水阀不工作;4. 补水速度慢	
E9	水流不足保护	1. 进出水温差大;2. 水流量不足;3. 水管路堵塞;4. 水泵故障	
E10	通信异常	连接线通信不良	
E11	盘管温度 2 问题	盘管传感器开路或短路	
E12	高压保护 2 问题	1. 高压保护断开;2. 水泵功率偏小;3. 水流量不足	
E13	低压保护 2 问题	1. 低压保护断开;2. 制冷剂不足	
E14	压缩机排气温度 1 保护	压缩机排气温度过高	
E15	压缩机排气温度 2 保护	压缩机排气温度过高	
E16	排气温度 1 问题	排气温度传感器开路或短路	
E17	排气温度 2 问题	排气温度传感器开路或短路	

五十、樱花SCH-1085型燃气热水器故障代码

代码	故障	备注(维修参考)
E1	点不着火	
E2	意外熄灭或烟道堵塞	
E3	温度传感器有问题	更换同阻值传感器
E4	出水温度过高	
E5	燃烧大于20min	
E6	风扇电动机电源开路	
E7	风扇电动机电流过大	
E8	电源电压过低	

五十一、志高空气源热泵热水器故障代码

代码	故障	备注(维修参考)
01	通信故障	
02	水箱温度传感器故障	更换同阻值传感器
03	相序保护	
04	水流开关故障	
06	水位开关线序接错	
07	环境温度传感器故障	更换同阻值传感器
09	二级防冻	
11	排气温度传感器故障	更换同阻值传感器
12	化霜温度传感器故障	更换同阻值传感器
13	高压保护	
14	系统排气超温保护	
15	低压保护	
16	1h内3次排气温度过高保护	
17	1h内3次高压保护	
18	1h内3次低压保护	

五十二、中广欧特斯 KFXRS-33Ⅱ型空气源热泵热水器故障代码

代码(显示序号)	故障	备注(维修参考)
68(03)	排气1传感器有问题	更换通用同阻值传感器
68(16)	排气2传感器问题	更换通用同阻值传感器
—9(01)	环温传感器有问题	更换通用同阻值传感器
—9(02)	盘管1传感器有问题	更换通用同阻值传感器
—9(04)	进水传感器有问题	更换通用同阻值传感器
—9(05)	水箱1传感器有问题	更换通用同阻值传感器
—9(06)	水箱2传感器有问题	更换通用同阻值传感器
—9(07)	回水传感器有问题	更换通用同阻值传感器
—9(15)	盘管2传感器问题	更换通用同阻值传感器
E3	高压1问题	
E4	低压1问题	
E5	水流开关问题	
E6	过电流1问题	
E7	排气保护1问题	
EE,断开时(08)	高水位问题	
EE,断开时(10)	低水位问题	

五十三、中广欧特斯 KFXRS-75Ⅱ型空气源热泵热水器故障代码

代码(显示序号)	故障	备注(维修参考)
—9(01)	环温温度传感器问题	更换通用同阻值传感器
—9(02)	盘管温度传感器1有问题	更换通用同阻值传感器
—9(03)	盘管温度传感器2有问题	更换通用同阻值传感器
—9(04)	盘管温度传感器3有问题	更换通用同阻值传感器
—9(05)	盘管温度传感器4有问题	更换通用同阻值传感器
68(06)	排气温度传感器1有问题	更换通用同阻值传感器

续表

代码(显示序号)	故障	备注(维修参考)
68(07)	排气温度传感器 2 有问题	更换通用同阻值传感器
68(08)	排气温度传感器 3 有问题	更换通用同阻值传感器
68(09)	排气温度传感器 4 有问题	更换通用同阻值传感器
−9(10)	进水温度传感器有问题	更换通用同阻值传感器
−9(11)	水箱 1 温度传感器有问题	更换通用同阻值传感器
−9(12)	水箱 2 温度传感器有问题	更换通用同阻值传感器
−9(13)	回水温度传感器有问题	更换通用同阻值传感器
E5	水流开关问题	
EE,断开时(15)	低水位开关 2 问题	
EE,断开时(16)	高水位开关 2 问题	
EE,断开时(17)	低水位开关 1 问题	
EE,断开时(18)	高水位开关 1 问题	
E4(19)	低压开关 1 问题	
E3(20)	高压开关 1 问题	
E4(21)	低压开关 2 问题	
E3(22)	高压开关 2 问题	
E4(23)	低压开关 3 问题	
E3(24)	高压开关 3 问题	
E4(25)	低压开关 4 问题	
E3(26)	高压开关 4 问题	
E7(27)	排气保护 1 问题	
E7(28)	排气保护 2 问题	
E7(29)	排气保护 3 问题	
E7(30)	排气保护 4 问题	

课堂二 主流芯片参考应用电路

一、热水器单片机 PIC16C72

热水器单片机 PIC16C72 参考应用电路如图 5-1 所示。

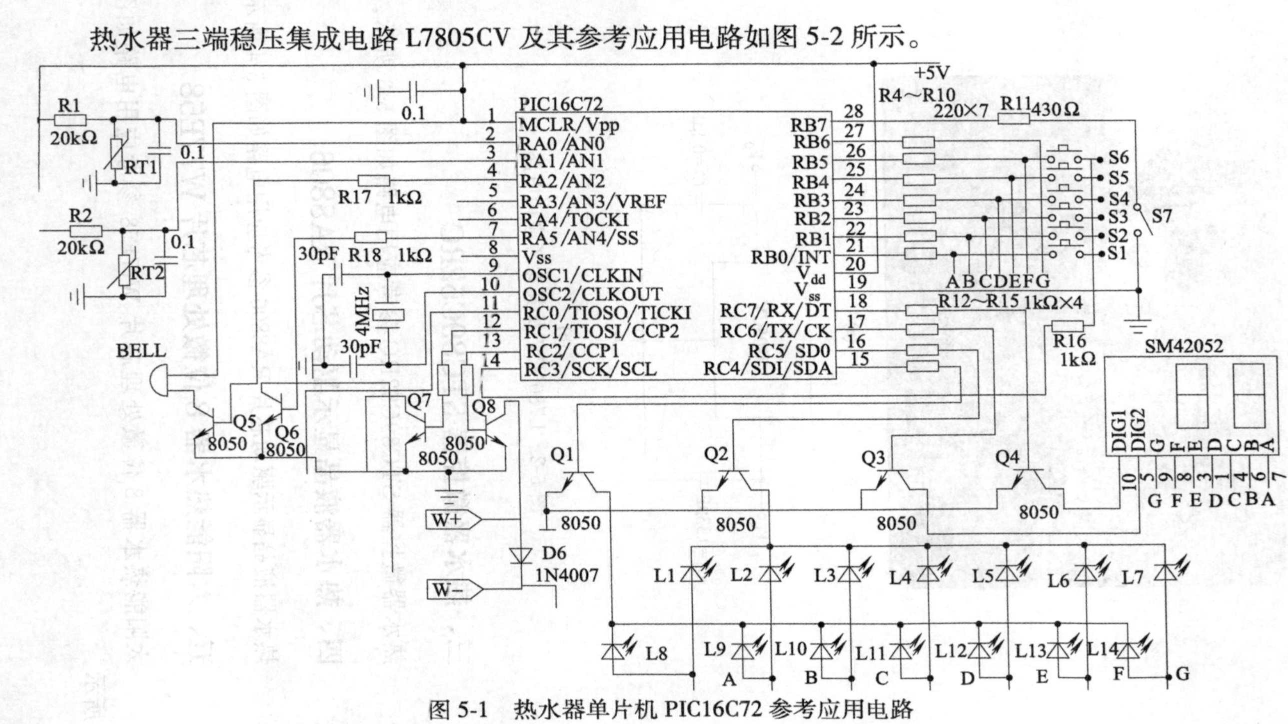

二、热水器三端稳压集成电路 L7805CV

热水器三端稳压集成电路 L7805CV 及其参考应用电路如图 5-2 所示。

图 5-1　热水器单片机 PIC16C72 参考应用电路

(a)

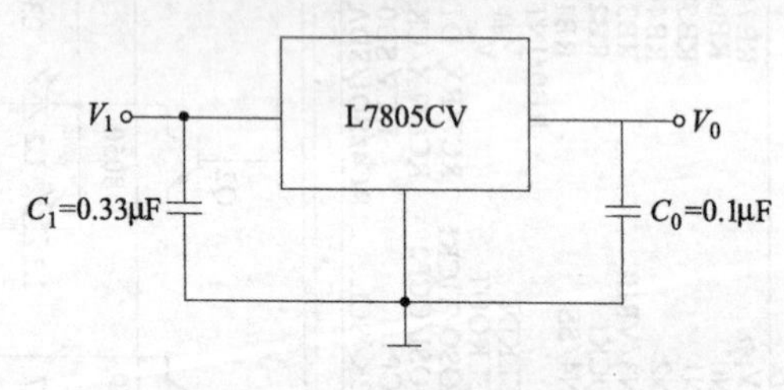

(b)

图 5-2　L7805CV 及其参考应用电路

三、热水器微控器 STC89C52RC

热水器微控器 STC89C52RC 参考应用电路如图 5-3 所示。

四、热水器液晶显示驱动芯片 RA8806

热水器液晶显示驱动芯片 RA8806 参考应用电路如图 5-4 所示。

五、太阳能热水器 8 位微处理芯片 W77E58

太阳能热水器 8 位微处理芯片 W77E58 参考应用电路如图 5-5 所示。

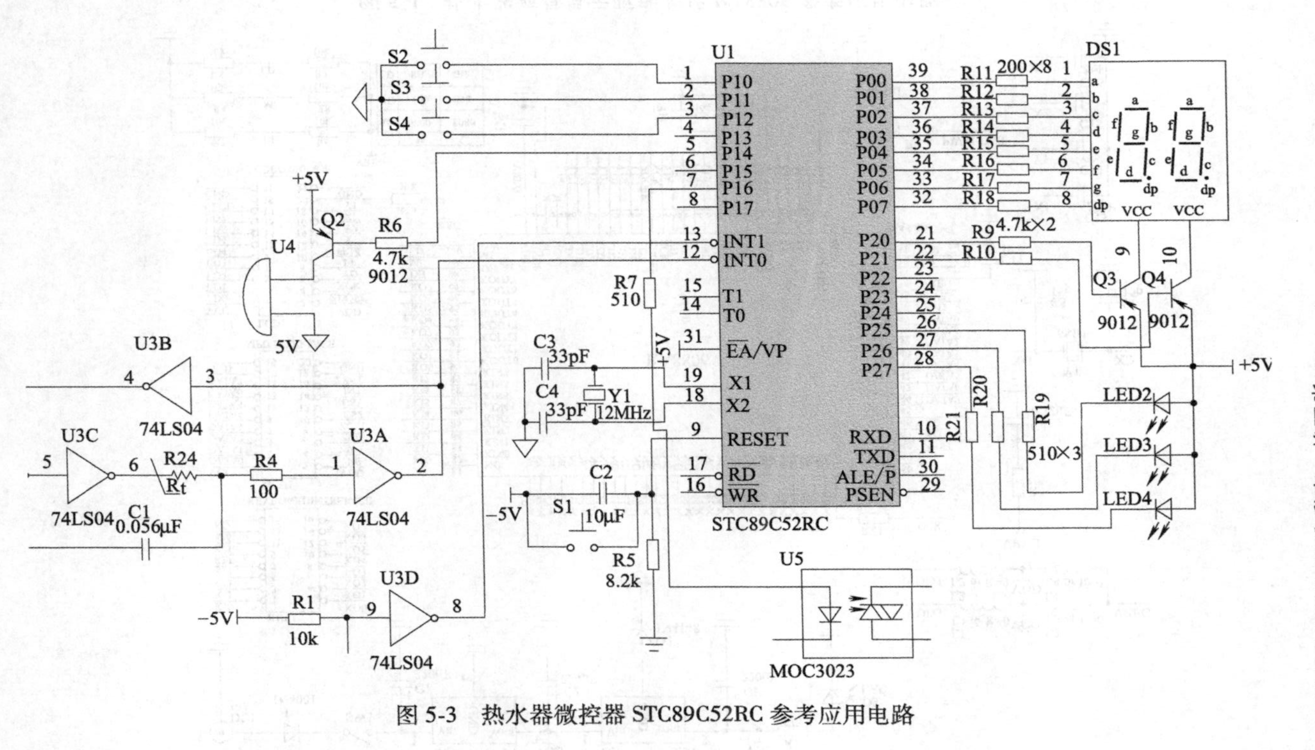

图 5-3　热水器微控器 STC89C52RC 参考应用电路

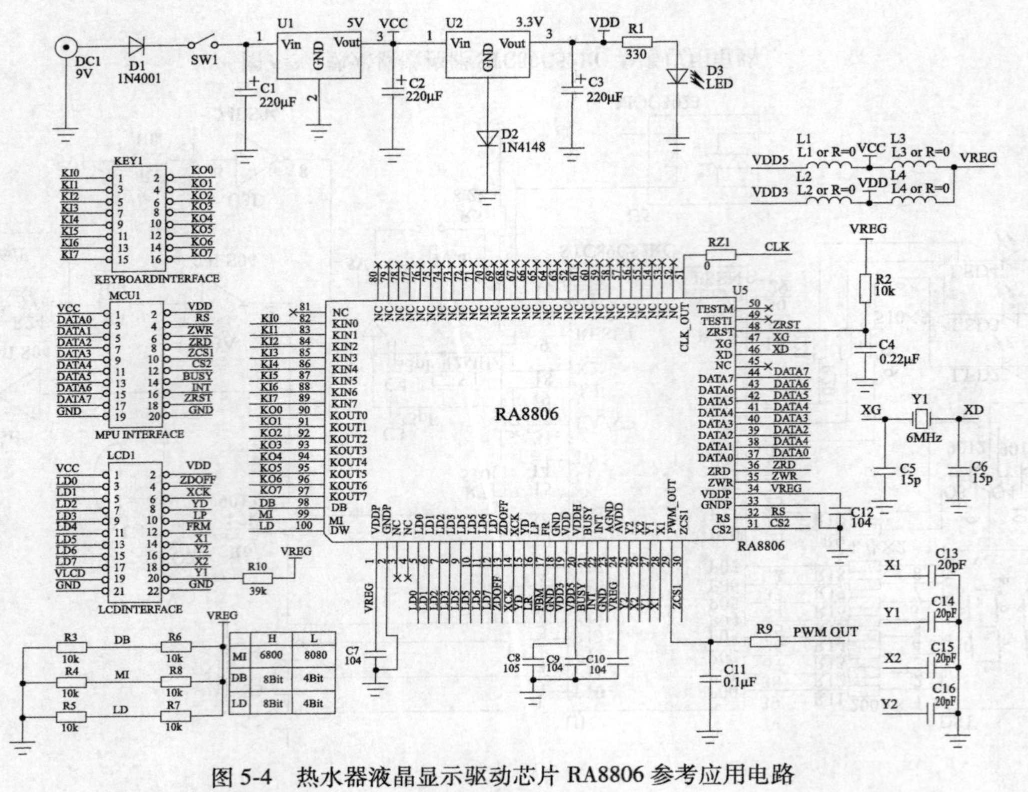

图 5-4 热水器液晶显示驱动芯片 RA8806 参考应用电路

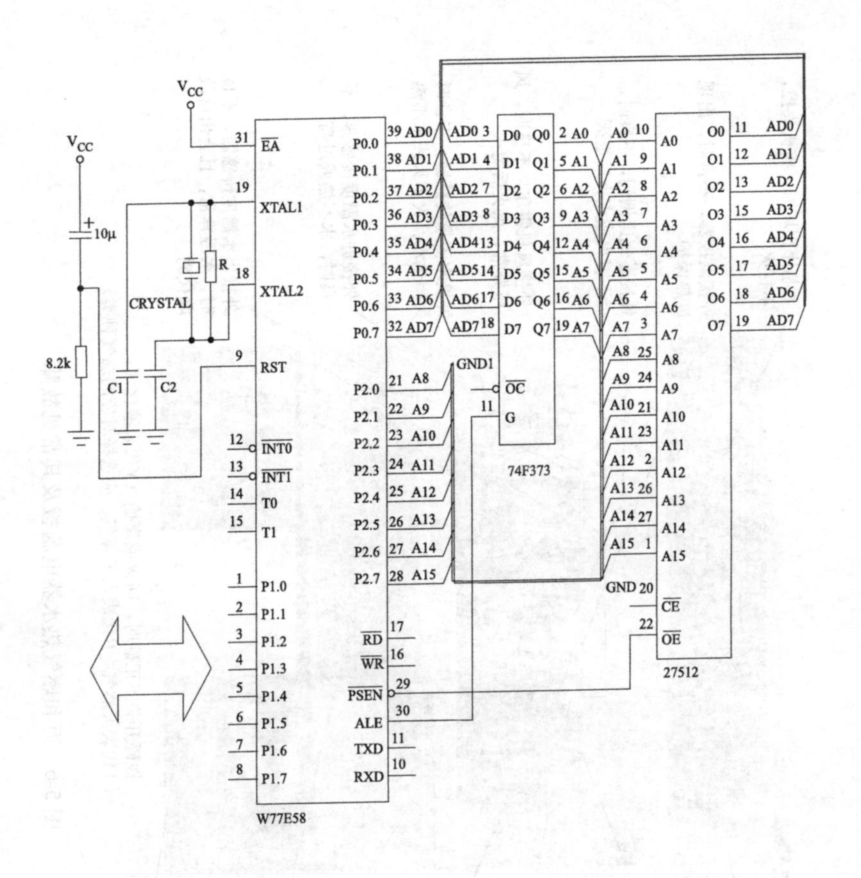

图 5-5　太阳能热水器 8 位微处理芯片 W77E58 参考应用电路

课堂三　电路或实物按图索故障

一、万和燃气热水器电脑板

万和燃气热水器电脑板及其常见故障如图 5-6 所示。

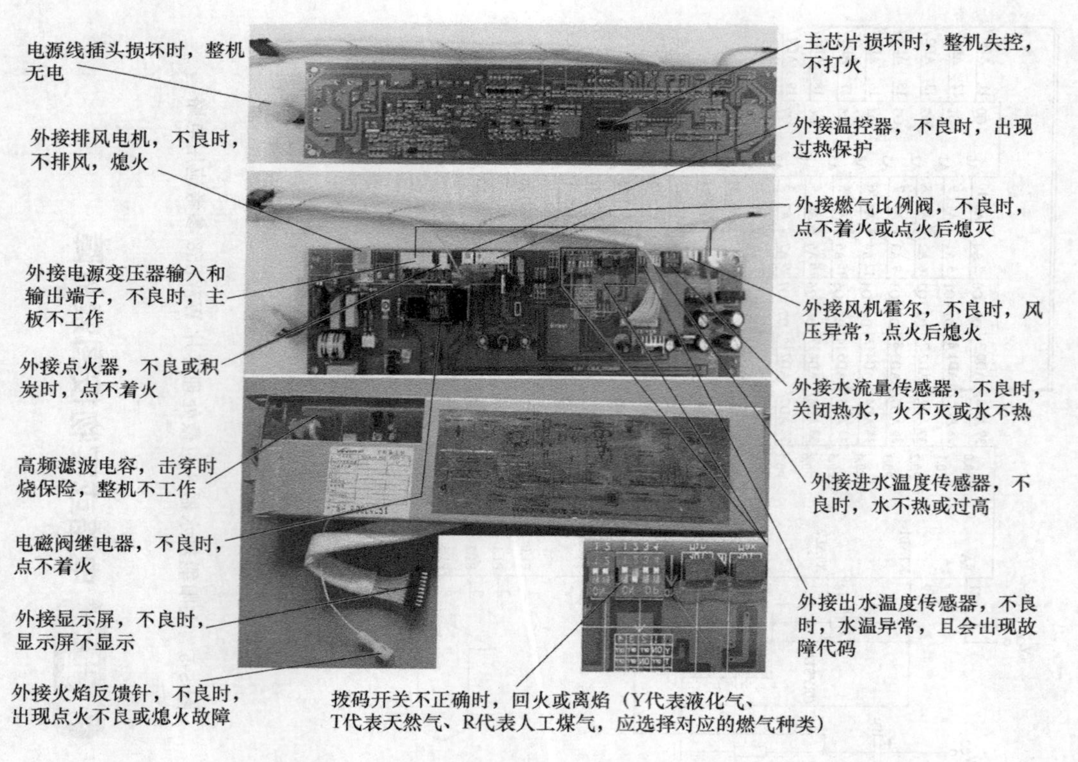

图 5-6　万和燃气热水器电脑板及其常见故障

二、创尔特 V 型系列燃气热水器

创尔特 V 型系列燃气热水器及其常见故障如图 5-7 所示。

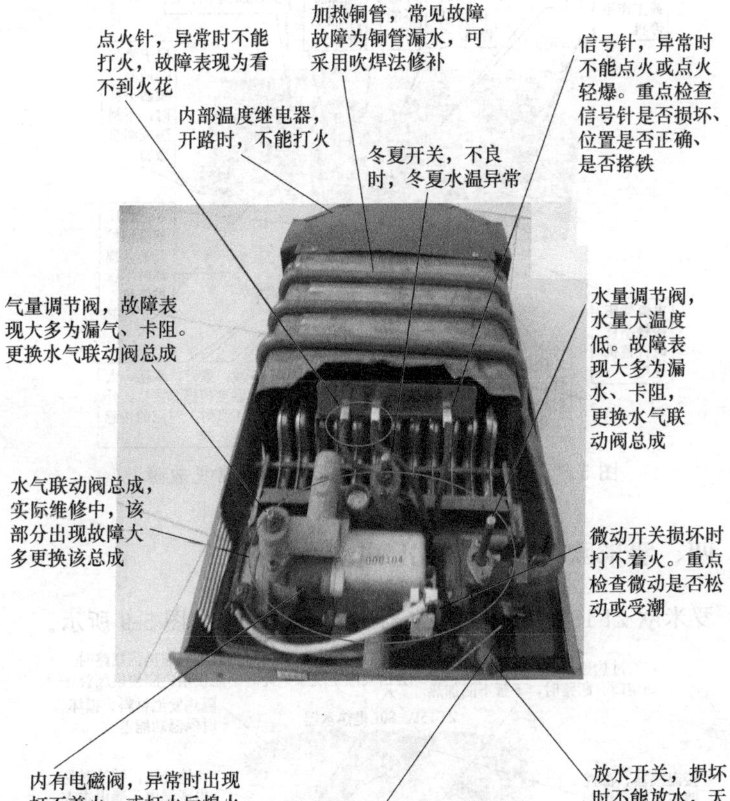

加热铜管，常见故障故障为铜管漏水，可采用吹焊法修补

点火针，异常时不能打火，故障表现为看不到火花

信号针，异常时不能点火或点火轻爆。重点检查信号针是否损坏、位置是否正确、是否搭铁

内部温度继电器，开路时，不能打火

冬夏开关，不良时，冬夏水温异常

气量调节阀，故障表现大多为漏气、卡阻。更换水气联动阀总成

水量调节阀，水量大温度低。故障表现大多为漏水、卡阻，更换水气联动阀总成

水气联动阀总成，实际维修中，该部分出现故障大多更换该总成

微动开关损坏时打不着火。重点检查微动是否松动或受潮

内有电磁阀，异常时出现打不着火，或打火后熄火确定电磁阀故障前要先确定控制器是否正常

电池盒接线，接线接触不良，也会造成不打火故障

放水开关，损坏时不能放水，天气寒冷时，容易胀破铜管

图 5-7　创尔特 V 型系列燃气热水器及其常见故障

三、太空能热水器通用电脑板

太空能热水器通用电脑板及其常见故障如图 5-8 所示。

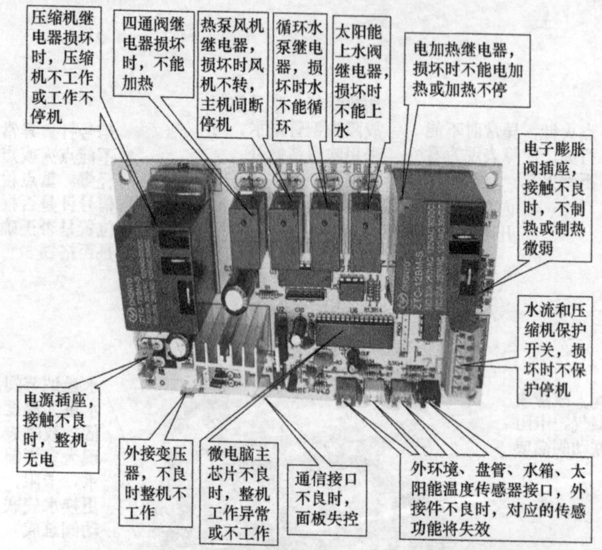

图 5-8　太空能热水器通用电脑板及其常见故障

四、罗米欧 ZF15W-80L 电热水器

罗米欧 ZF15W-80L 电热水器及其常见故障如图 5-9 所示。

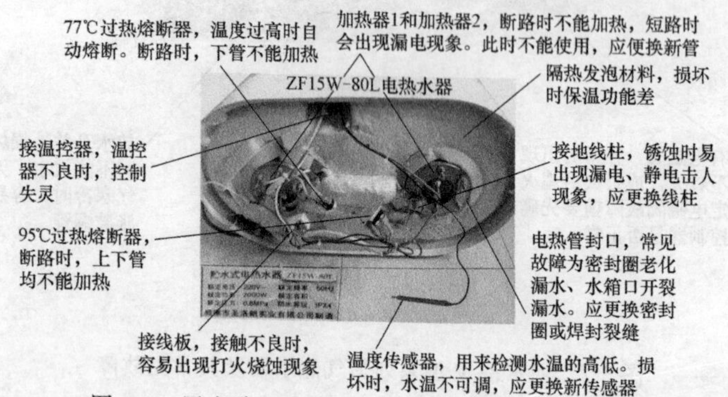

图 5-9　罗米欧 ZF15W-80L 电热水器及其常见故障

五、清华阳光太阳能热水器控制器

清华阳光太阳能热水器控制器及其常见故障如图 5-10 所示。

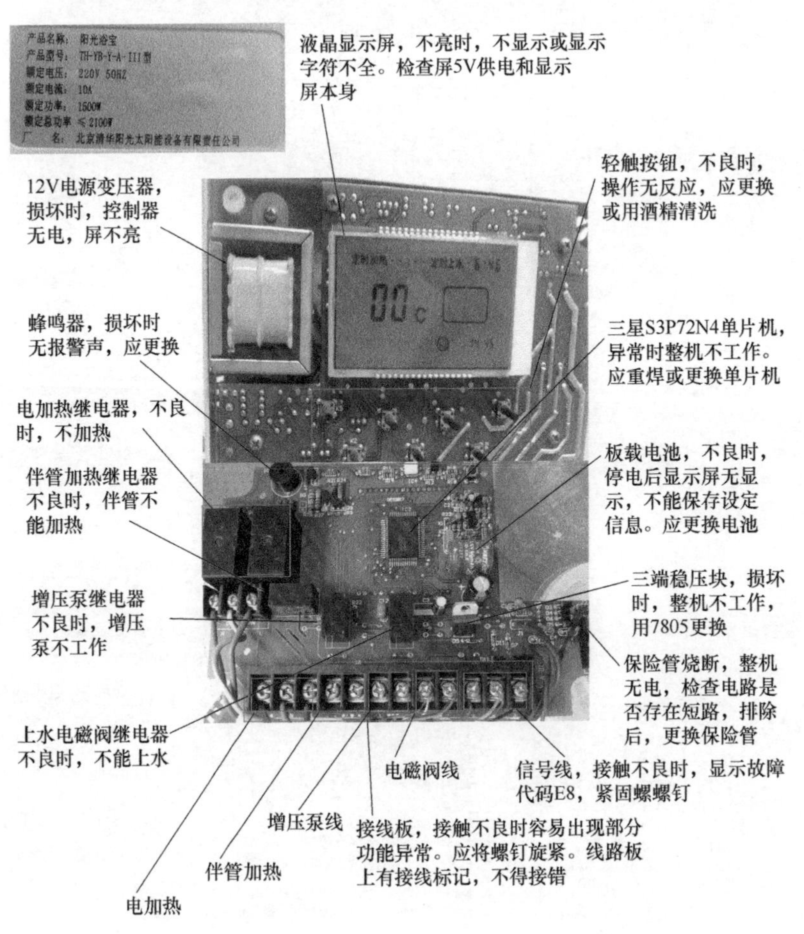

图 5-10 清华阳光太阳能热水器控制器及其常见故障